工程造价人员技能提升培训丛书

电气工程
造价管理重难点及对策

霍海娥　编著

中国建筑工业出版社

图书在版编目（CIP）数据

电气工程造价管理重难点及对策／霍海娥编著. —
北京：中国建筑工业出版社，2023.10
（工程造价人员技能提升培训丛书）
ISBN 978-7-112-29064-2

Ⅰ. ①电… Ⅱ. ①霍… Ⅲ. ①电气设备-建筑安装工
程-工程造价 Ⅳ. ①TU723.3

中国国家版本馆 CIP 数据核字（2023）第 155692 号

本书依据国家有关法律法规、政策标准以及相关文件，针对电气工程造价管理过程中的难点和重点问题进行了
剖析，并以举实例的方式给出了具体的解决措施。详细阐述了电气工程工程量清单计价的基础理论、程序及计量计
价方法，着重对电气工程招标投标与合同管理过程中的焦点问题进行了论述。全书共有 8 章，主要内容包括电气工
程费用项目组成、工程量清单编制规范、工程量清单计价、电气工程工程量清单计量与计价、电气工程招标、电气
工程投标、电气工程合同的签订与履行以及电气工程竣工结算。

本书内容新颖，重点突出，体现了全过程造价管理理念，对电气工程清单计价、招标投标及合同签订、合同价
款调整以及结算争议等问题的处理具有一定的借鉴与指导意义。本书结合了工程实践，配有大量计算实例，可作为
本科和高职院校工程造价、工程管理、建筑设备等专业的教学用书，也可用于建设单位、建筑安装企业工程造价人
员、建筑电气工程技术人员及经济管理人员的学习和参考。

责任编辑：李　慧
责任校对：张　颖
校对整理：赵　菲

工程造价人员技能提升培训丛书
电气工程造价管理重难点及对策
霍海娥　编著
＊
中国建筑工业出版社出版、发行（北京海淀三里河路 9 号）
各地新华书店、建筑书店经销
北京鸿文瀚海文化传媒有限公司制版
北京同文印刷有限责任公司印刷
＊
开本：787 毫米×1092 毫米　1/16　印张：15½　字数：339 千字
2024 年 3 月第一版　　2024 年 3 月第一次印刷
定价：**59.00** 元
ISBN 978-7-112-29064-2
　　　　（41708）

前 言

为了规范建设市场秩序，积极推行建设项目全过程造价管理，住房与城乡建设部颁布了《建设工程工程量清单计价规范》（GB 50500—2013）、《通用安装工程工程量计算规范》（GB 50856—2013）、《关于印发〈建筑安装工程费用项目组成〉的通知》（建标〔2013〕44号）、《建设工程施工合同（示范文本）》（GF—2017—0201)等标准规范文件，同时，《中华人民共和国民法典》于2021年起施行，《中华人民共和国招标投标法》《中华人民共和国招标投标法实施条例》《工程建设项目施工招标投标办法》也进行了更新和修订，这些给广大电气工程造价人员带来了极大的挑战和严峻的考验。

目前，在建设项目投资额急剧增长的现状下，有效的造价管理与控制非常重要。在电气工程建设过程中，合同的签订、合同价款的调整与结算是工程造价管理与控制的重点和难点，不当的造价管理与控制模式导致项目失败和国有资金流失的案例数不胜数，因此，正确应用电气工程计价理论，有效进行电气工程全过程的造价管理与控制，是当下电气工程造价管理中尤为重要的问题。

作者基于多年教学与实践工作经验，总结凝练电气工程造价管理基本理论，以《四川省工程量清单计价定额》（2020）为例，结合大量案例对电气工程清单计量计价重难点进行了详解；此外，作者基于多年评标经验，针对电气工程提出行之有效的招标投标策略，着重针对项目实施阶段电气工程造价管理过程中常见的计价纠纷典型案例进行了剖析，并且以"一事一注"的方式，对合同价款调整争议问题中发包人意见、承包人意见进行客观分析并提出解决建议。

读者通过本书的学习，能够更深入理解电气工程造价的基础理论，能对电气工程造价管理与控制中的重难点问题更好地进行把控，提升电气工程项目造价的整体管理能力。对于提高合同双方履约能力，减少履约风险，保障国有资金安全具有重要实际意义。

本书内容新颖，重点突出，体现了全过程造价管理理念，对电气工程清单计价、招标投标及合同签订、合同价款调整以及结算争议等问题的处理具有一定的借鉴与指导意义。

本书由西华大学霍海娥副教授编著，刘斐彦、刘婷婷、周渝、陈瀚文、曹政博、岳彦伶做了大量前期资料收集整理工作，在此一并表示感谢！

本书虽然经过较长时间准备、多次研讨、反复修改与审查，但由于编者水平有限，仍难免存在不足，恩请广大读者提出宝贵意见，以便进一步修改完善。

目 录

第1章　电气工程费用项目组成

1.1　建筑供配电系统概述

1.1.1　供配电系统的组成

电能由发电厂产生，通常把发电机发出的电压经变压器变换后再送至用户。发电、送配电和用电构成一个整体，即电力系统。建筑供配电系统是电力系统的组成部分。一个完整的供电系统由四个部分组成，即各种不同类型的发电厂、变配电所、输电线路、电力用户。从发电厂到电力用户的送电过程如图1-1所示。

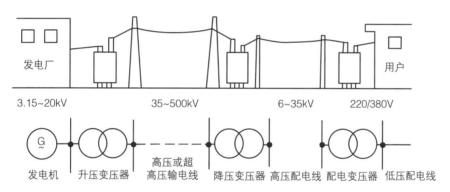

图1-1　发电、送变电过程

1. 发电厂

将自然界中的一次能源转换成电能的工厂就是发电厂。按一次能源介质划分为火力发电厂、水力发电厂、原子能发电厂等。此外还有小容量的太阳能发电厂、风力发电厂、地热发电厂和潮汐发电厂等，正在研究的还有磁流体发电和氢能发电等。

2. 变、配电所

变、配电所是变换电能电压和接受分配电能的场所。如果仅用以接收电能和分配电能则称为变电所；如果仅用以分配电能，则称为配电所。对于变电所来说，可以分为升压变电所和降压变电所。升压变电所是将低电压变成高电压，一般建立在发电厂厂区内；降压变电所是将高电压变成适合用户的低电压，一般建立在靠近用户的中心地点。

3. 输电线路

输电线路是输送电能的通道，可以将发电厂、变配电所和电力用户联系起来。输电线路的形式分为架空线路和电缆线路两种。目前，我国主要以架空输电为主，只有在遇到繁华地区、河流湖泊等时，才采用电缆的形式。为了减少输送过程的电能损失，通常采用 35kV 以上的高压线路输电。

4. 电力用户

电力用户是供电系统的终端，也称为电力负荷。在供电系统中，一切消耗电能的用电设备均称为电力用户。按照其用途可分为动力用电设备（如电动机等）、工艺用电设备（如电解、电镀、冶炼、电焊、热处理等）、电热用电设备（如电炉、干燥箱、空调器等）、照明用电设备等，它们分别将电能转换成机械能、热能和光能等不同形式的能量，以满足生产和生活的需要。

1.1.2 高压部分常用设备

1. 高压隔离开关

高压隔离开关主要用于隔离高压电源，以保证其他设备和线路的安全检修。其结构特点是断开后有明显可见的断开间隙，而且断开间隙的绝缘及相间绝缘是足够可靠的。高压隔离开关没有专门的灭弧装置，不允许带负荷操作。它可用来通断一定的小电流，如励磁电流不超过 2A 的空载变压器、电容电流不超过 5A 的空载线路以及电压互感器和避雷器等。

高压隔离开关按安装地点分为户内式和户外式两大类；按有无接地分为不接地、单接地、双接地三类；按使用特性分为母线型和穿墙套管型。户内高压隔离开关如图 1-2 所示。

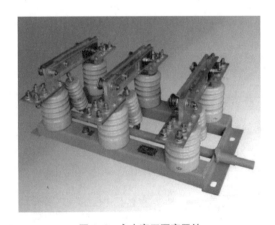

图 1-2 户内高压隔离开关

2. 高压负荷开关

高压负荷开关是一种功能介于高压断路器和高压隔离开关之间的电器，常与高压熔断器串联配合使用，用于控制电力变压器。高压负荷开关具有简单的灭弧装置，能通断一定的负荷电流和过负电流，但它不能断开短路电流，所以一般与高压熔断器串联使用，借助熔断器进行短路保护。高压负荷开关如图1-3所示。

图1-3 高压负荷开关

3. 高压断路器

高压断路器是电力系统中最重要的控制保护装置，正常时用以接通和切断负载电源。在发生短路故障或者严重过载时，高压断路器在保护装置作用下自动跳闸，切除短路故障，保证电网无故障部分正常运行。高压断路器按其采用的灭弧方式不同分为油断路器、空气断路器、真空断路器等，其中使用最广泛的是油断路器，在高层建筑中多采用真空断路器。常见的几种高压断路器如图1-4所示。

图1-4 高压断路器

4. 高压熔断器

高压熔断器主要用于高压电力线路及其设备的短路保护。按其装设场所不同可分为户内式和户外式。在6~10kV系统中，户内广泛采用RN1/RN2型管式熔断器，户外则广泛采用RW4等跌落式熔断器。高压熔断器如图1-5所示。

5. 高压配电柜

高压配电柜是指在电力系统发电、输电、配电、电能转换和消耗中起通断、控制和保护等作用，电压等级在3.6~550kV之间的电气设备。其主要包括高压断路器、高压隔离开

图 1-5　高压熔断器

关与接地开关、高压负荷开关、高压自动重合与分段器、高压操作机构、高压防爆配电装置和高压开关柜等部分。高压配电柜如图 1-6 所示。

图 1-6　高压配电柜

6. 高压绝缘子

高压绝缘子用于变配电装置中，在导电部分起绝缘作用。根据安装地点的不同，可分为户内绝缘子和户外绝缘子。高压绝缘子如图 1-7 所示。

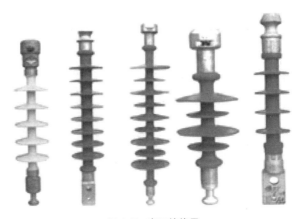

图 1-7　高压绝缘子

1.1.3 配电变压器

1. 配电变压器的作用及分类

配电变压器指一次侧电压为 10（20） kV 及以下的配电网用电力变压器，是根据电磁感应定律变化交流电压和电流而传输交流电能的一种静止电器。它可以把一种电压、电流的交流电能转换成相同频率的另一种电压、电流的交流电能，一般能将电压从 6～20kV 降至 400V 左右，再输入用户。额定容量是其主要参数，用以表征传输电能的大小，以 "kV·A" 和 "MV·A" 表示。

配电变压器分类：

（1）按相数分为单相和三相变压器。

（2）按变压器本身的绕组数可分为双绕组变压器和三绕组变压器。

（3）按绕组导体的材质分为铜绕组和铝绕组变压器。

（4）按冷却方式和绕组绝缘介质分为油浸式、干式两大类。其中，油浸式变压器又有油浸自冷式、油浸风冷式、油浸水冷式和强迫油循环冷却式等，而干式变压器又有浇注式、开启式、充气式（SF$_6$）等。

（5）按用途分为普通变压器和特种变压器。

三相油浸自冷式双绕组变压器在配电网中使用非常广泛，占据重要地位。常见配电变压器如图 1-8 所示。

（a）油浸式变压器　　　　　　　　　　（b）干式变压器

图 1-8　常见配电变压器

2. 配电变压器的铭牌数据

配电变压器的铭牌数据通常包括相数、冷却方式、绕阻线圈材质、额定容量和额定电压等内容，如图 1-9 所示。

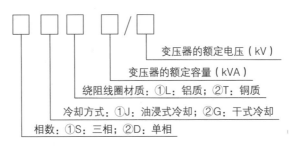

图 1-9 配电变压器铭牌数据含义

变压器的额定电压（kV）
变压器的额定容量（kVA）
绕阻线圈材质：①L：铝质；②T：铜质
冷却方式：①J：油浸式冷却；②G：干式冷却
相数：①S：三相；②D：单相

如 SJL-1000/10 表示该配电变压器为三相油浸式变压器，其绕阻材质为铝，额定容量为1000kVA，额定电压为 10kV。

1.1.4 低压部分常用设备

1. 低压刀开关

低压刀开关是一种结构较为简单的手动电器，它的最大特点是有一个刀形动触头。其基本组成部分包括闸刀（动触头）、刀座（静触头）和底板，接通或切断电路是由人工操纵闸刀完成的。刀开关的型号是以 H 字母打头的，种类规格繁多，并有多种衍生产品。按其操作方式分，有单投和双投；按极数分，有单极、双极和三极；按灭弧结构分，有带灭弧罩的和不带灭弧罩的等。刀开关常用于不频繁地接通和切断交流和直流电路，装有灭弧室的可以切断负荷电流，其他的只作隔离开关使用。低压刀开关的外形如图 1-10 所示。

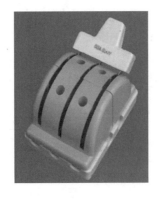

图 1-10 低压刀开关

2. 低压断路器

断路器具有良好的灭弧性能，它能带负荷通断电路，可以用于电路的不频繁操作，同时它又能提供短路、过负荷和失压保护，是低压供配电线路中重要的开关设备。

断路器主要由触头系统、灭弧系统、脱扣器和操作机构等部分组成。它的操作机构比较复杂，主触头的通断可以手动，也可以电动。低压断路器如图 1-11 所示。

图 1-11　低压断路器

3. 低压熔断器

低压熔断器是常用的一种简单的保护电器，主要用于短路保护，在一定的条件下也可以起过负荷保护的作用。熔断器工作时是串接于电路中的，其工作的原理是：当线路中出现故障时，通过熔体的电流大于规定值，熔体产生过量的热而被熔断，电路由此被分断。

常见的低压熔断器有瓷插式熔断器、密闭管式熔断器、螺旋式熔断器、填充料式熔断器、自复式熔断器等。低压熔断器如图 1-12 所示。

图 1-12　低压熔断器

4. 低压配电柜

低压成套开关设备和控制设备俗称低压开关柜，亦称低压配电柜，它是指交、直流电压在 1000V 以下的成套电气装置。生产厂按照电气接线的要求，针对使用场合、控制对象及主要电气元件的特点将相应的低压电器，其中主要包括配电电器（断路器、负荷开关、隔离开关、熔断器等），控制电器（接触器、起动器、万能转换开关、按钮、信号灯、各种继电器等），测量电路（电流互感器、测量仪表等）以及母线、载流导体和绝缘子等，按一定的线路方案，装配在封闭式或敞开式的金属柜体内，用于电力系统中接收和分配电能。低压配电柜如图 1-13 所示。

图 1-13　低压配电柜

1.1.5 建筑低压配电系统 ⋯⋯⋯⋯⋯⋯⋯⋯⋯⋯⋯⋯⋯⋯⋯⋯●

1. 低压配电系统的配电方式

低压配电方式是指低压干线的配线方式。低压配电一般采用 380/220V 中性点直接接地的系统。常用的低压配电的配线方式有放射式、树干式和混合式三种，如图 1-14 所示。

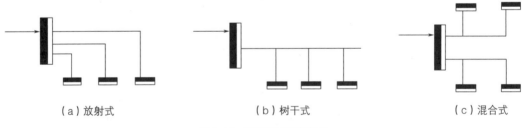

（a）放射式　　　　　　　　（b）树干式　　　　　　　　（c）混合式

图 1-14　常用低压配电方式

（1）放射式配电是指一独立负荷或一集中负荷由一单独的配电线路供电，一般用在供电可靠性要求高或单台设备容量较大的场所以及容量比较集中的地方。放射式配电的优点是各个独立负荷由配电盘（屏）供电，若某一用电设备或其供电线路发生故障，则故障范围仅限本回路，对其他设备没有影响，也不会影响其他回路的正常工作；而缺点是所需的开关和线路较多，电能的损耗大，投资费用较高。

（2）树干式配电是指一独立负荷或一集中负荷按它所处的位置依次连接到某一条配电干线上。其优点是投资费用低，施工方便，易于扩展；缺点是干线发生故障时，影响范围大，供电可靠性较差。树干式配电一般适用于用电设备比较均匀、容量不大，又无特殊要求的场合。

（3）混合式配电是放射式和树干式相结合的配线方式，一般用于楼层的配电。

在实际工程中，照明配电系统不是单独采用某一种形式的低压配电方式，多数是综合形式，如一般民用住宅所采用的配电形式多数为放射式与树干式的结合，其中总配电箱向每个楼梯间配电为放射式配电，楼梯间向不同楼层间的配电为树干式配电。

2. 低压配电系统的供配电线路

低压供配电线路系指由市电电力网引至受电端的电源引入线。低压供配电线路是供配电系统的重要组成部分，担负着将变电所 380/220V 的低压电能输送和分配给用电设备的任务。

由于民用建筑中电力设备通常分为动力和照明两大类，所以民用建筑的供配电线路也相应地分为动力（负荷）线路和照明（负荷）线路两类。

（1）动力（负荷）线路

在民用建筑中，动力用电设备主要有电梯、自动扶梯、冷库、空调机房、风机、水泵，以及医用动力用电设备和厨房动力用电设备等。动力用电设备部分属于三相负荷，少部分容量较大的电热用电设备，如空调机、干燥箱、电炉等，它们虽属于单相负荷，但也归类于动力用电设备。对于上述动力负荷，一般采用三相三线制供电线路，对于容量较大的单相动力负荷，应尽可能平衡地接到三相线路上。

（2）照明（负荷）线路

在民用建筑中，照明用电设备主要有供给工作照明、事故照明和生活照明的各种灯具，还有家用电器中的电视机、窗式空调机、电风扇、电冰箱、洗衣机，以及日用电热电器，如电饭煲、电熨斗、电热水器等，它们一般都由插座进行供电，家用电器和日用电热电器虽不是照明器具，但都是由照明线路供电，所以统归为照明负荷。在照明线路设计和负荷计算中，除了应考虑各种照明灯具外，还必须考虑到家用电器和日用电热电器的需要和发展。照明负荷一般都是单相负荷，采用 220V 两线制线路供电；当单相负荷计算电流超过 30A 时，应采用 380/220V 三相四线制线路供电。

1.6　建筑电气照明系统的组成

照明供电系统一般由以下几部分组成。

1. 接户线和进户线：从室外的低压架空线上接到用电建筑外墙上铁横担的一段引线为接户线，它是室外供电线路的一部分，从铁横担到室内配电箱的一段称为进户线，它是室内供电的起点。进户线一般设在建筑物的背面或侧面，线路尽可能短，且便于维修。进户线距离室外地坪高度不低于 3.5m，穿墙时要安装瓷管或钢管。

2. 配电箱：是接受和分配电能的装置，内部装有接通和切断电路的开关和作为短路故障保护设备的熔断器，以及度量耗电量的电表等。配电箱的供电半径一般为 30m，配电箱的支线数量不宜过多，一般是 69 个回路，配电箱的安装常见的是明装和暗装两种，明装的箱底距地面 2m，暗装的箱底距地面 1.5m。

3. 干线：从总配电箱引至分配电箱的供电线路。

4. 支线：从配电箱引至电灯的供电线路，亦称为回路。每条支线连接的灯数一般不超过 20 盏（插座也按灯计算）。

5. 用电设备或器具：如水泵、风机、机床、灯具、插座等。

电气线路中设有电表和一系列开关，熔断器（保险丝）装置。电源由进户线引入后，首先进入电表，经过电表再与户内线路相通，这样可以计量用电的多少。各熔断器是安全设施，当室外或室内线路由于某种原因引起电流突然增大时，熔断器内的熔丝将立即熔断，断开电路，以避免损坏设备和引起火灾，造成严重事故。各用电设备的开关可以控制电流的通断，各支路设开关可以控制支路电流的通断，和电表相连的总开关可控制整个线路系统。

1.2 电气工程费用组成

1.2.1 按构成要素来分

建筑安装工程费按照费用构成要素划分，可分为人工费、材料（包含工程设备）费、施工机具使用费、企业管理费、利润、规费和税金。其中，人工费、材料费、施工机具使用费、企业管理费和利润包含分部分项工程费、措施项目费和其他项目费，如图 1-15 所示。

1.2.2 按造价形成来分

建筑安装工程费按照工程造价形成顺序划分，可分为分部分项工程费、措施项目费、其他项目费、规费、税金。其中，分部分项工程费、措施项目费、其他项目费包含人工费、材料费、施工机具使用费、企业管理费和利润，如图 1-16 所示。

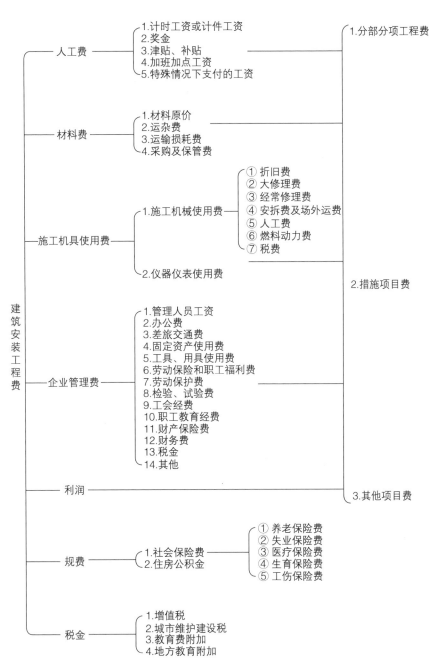

图 1-15　建筑安装工程费用项目组成（按费用构成要素划分）

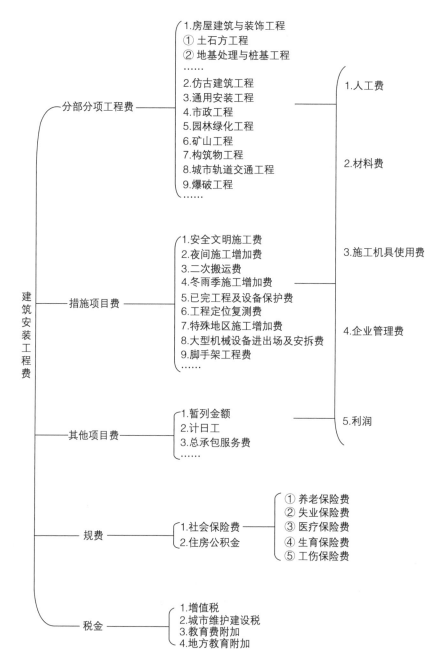

图 1-16　建筑安装工程费用项目组成（按工程造价形成顺序划分）

1.3　电气工程清单计价程序

1. 建筑单位工程招标控制价计价程序见表 1-1。

建筑单位工程招标控制价计价程序　　　　　　　表 1-1

工程名称：　　　　　　　　　　　标段：

序号	内容	计算方法	金额/元
1	分部分项工程费	按计价规定计算	
1.1			
1.2			
1.3			
1.4			
1.5			
2	措施项目费	按计价规定计算	
2.1	其中：安全文明施工费	按规定标准计算	
3	其他项目费		
3.1	其中：暂列金额	按计价规定估算	
3.2	其中：专业工程暂估价	按计价规定估算	
3.3	其中：计日工	按计价规定估算	
3.4	其中：总承包服务费	按计价规定估算	
4	规费	按规定标准计算	
5	税金（扣除不列入计税范围的工程设备金额）	（1+2+3+4）×规定税率	

招标控制价合计 = 1 + 2 + 3 + 4 + 5

2. 施工企业工程投标报价计价程序见表 1-2。

施工企业工程投标报价计价程序　　　　　　　表 1-2

工程名称：　　　　　　　　　　　标段：

序号	内容	计算方法	金额/元
1	分部分项工程费	自主报价	
1.1			
1.2			
1.3			
1.4			
1.5			

续表

序号	内容	计算方法	金额/元
2	措施项目费	自主报价	
2.1	其中：安全文明施工费	按规定标准计算	
3	其他项目费		
3.1	其中：暂列金额	按招标文件提供金额计列	
3.2	其中：专业工程暂估价	按招标文件提供金额计列	
3.3	其中：计日工	自主报价	
3.4	其中：总承包服务费	自主报价	
4	规费	按规定标准计算	
5	税金（扣除不列入计税范围的工程设备金额）	（1+2+3+4）×规定税率	
投标报价合计 = 1 + 2 + 3 + 4 + 5			

3. 竣工结算计价程序见表 1-3。

竣工结算计价程序　　　　　　　　　　　　　　　　　　表 1-3

工程名称：　　　　　　　　　　标段：

序号	汇总内容	计算方法	金额/元
1	分部分项工程费	按合同约定计算	
1.1			
1.2			
1.3			
1.4			
1.5			
2	措施项目	按合同约定计算	
2.1	其中：安全文明施工费	按规定标准计算	
3	其他项目		
3.1	其中：专业工程结算价	按合同约定计算	
3.2	其中：计日工	按计日工签证计算	
3.3	其中：总承包服务费	按合同约定计算	
3.4	索赔与现场签证	按发承包双方确认数额计算	
4	规费	按规定标准计算	
5	税金（扣除不列入计税范围的工程设备金额）	（1+2+3+4）×规定税率	
竣工结算总价合计 = 1 + 2 + 3 + 4 + 5			

第2章　工程量清单编制规范

2.1　通用安装工程工程量计算规范——电气篇

《通用安装工程工程量计算规范》（GB 50856—2013）是根据住房和城乡建设部《关于印发〈2009 年工程建设标准规范制订、修订计划〉 的通知》（建标 〔2009〕 88 号）的要求，为进一步适应建设市场计量、计价的需要，对《建设工程工程量清单计价规范》（ GB 50500—2008）附录 C 进行修订并增加新项目而成。该规范是"工程量计算规范"之三，代码 03。

2.1.1　工程计算

1. 工程量计算的依据如下：

（1）《通用安装工程工程量计算规范》（GB 50856—2013）。

（2）经审定通过的施工设计图纸及其说明。

（3）经审定通过的施工组织设计或施工方案。

（4）经审定通过的其他有关技术经济文件。

（5）《建设工程工程量清单计价规范》（GB 50500—2013）的相关规定。

2. 该规范附录中有两个或两个以上计量单位的，应结合拟建工程项目的实际情况，确定其中一个为计量单位。同一工程项目的计量单位应一致。

3. 工程计量时每一项目汇总的有效位数应遵守下列规定：

（1）以"t"为单位，应保留小数点后三位数字，第四位小数四舍五入。

（2）以"m""m²""m³""kg"为单位，应保留小数点后两位数字，第三位小数四舍五入。

（3）以"台""个""件""套""根""组""系统"等为单位，应取整数。

4.《通用安装工程工程量计算规范》（GB 50856—2013）各项目仅列出了主要工作内容，除另有规定和说明外，应视为已经包括完成该项目所列或未列的全部工作内容。

5.《通用安装工程工程量计算规范》（GB 50856—2013）中规定电气设备安装工程适用于电气 10kV 以下的工程。

2.1.2　界线划分

电气设备安装工程适用于 10kV 以下变配电设备及线路的安装工程、车间动力电气设备及电气照明、防雷及接地装置安装、配管配线、电气调试等。

1. 与房屋建筑与装饰工程的界限

挖土、填土工程应按现行国家标准《房屋建筑与装饰工程工程量计算规范》（GB 50854—2013）相关项目编码列项。

2. 与市政工程的界限

厂区、住宅小区的道路路灯安装工程、庭院艺术喷泉等电气设备安装工程按"电气设备安装工程"相应项目执行；涉及市政道路、市政庭院等电气安装工程的项目，按《市政工程工程量计算规范》（GB 50857—2013）中"路灯工程"的相应项目执行。

开挖路面应按现行国家标准《市政工程工程量计算规范》（GB 50857—2013）相关项目编码列项。

涉及管沟、坑及井类的土方开挖、垫层、基础、砌筑、抹灰、地沟盖板预制安装、回填、运输、路面开挖及修复、管道支墩的项目，按现行国家标准《房屋建筑与装饰工程工程量计算规范》（GB 50854—2013）和《市政工程工程量计算规范》（GB 50857—2013）的相应项目执行。

3. 与通用安装工程其他附录的界限

（1）过梁、墙、楼板的钢（塑料）套管应按《通用安装工程工程量计算规范》（GB 50856—2013）附录 K 给排水、采暖、燃气工程相关项目编码列项。

（2）除锈、刷漆（补刷漆除外）、保护层安装应按《通用安装工程工程量计算规范》（GB 50856—2013）附录 M 刷油、防腐蚀、绝热工程相关项目编码列项。

（3）由国家或地方检测验收部门进行的检测验收应按《通用安装工程工程量计算规范》（GB 50856—2013）附录 N 措施项目编码列项。

2.1.3 规范组成

《通用安装工程工程量计算规范》（GB 50856—2013）包括正文、附录和条文说明三个部分。正文部分包括总则、术语、工程计量、工程量清单编制。附录对分部分项工程和可计量的措施项目的项目编码、项目名称、项目特征描述的内容、计量单位、工程量计算规则及工作内容作了规定；对于不能计量的措施项目则规定了项目编码、项目名称和工作内容及包含范围。

在《通用安装工程工程量计算规范》（GB 50856—2013）中，将安装工程按专业、设备特征或工程类别分为 13 个附录，形成附录 A～附录 N，具体为：

附录 A 机械设备安装工程（编码：0301）

附录 B 热力设备安装工程（编码：0302）

附录 C 静置设备与工艺金属结构制作安装工程（编码：0303）

附录 D 电气设备安装工程（编码：0304）

附录 E 建筑智能化工程（编码：0305）

附录 F 自动化控制仪表安装工程（编码：0306）

附录 G 通风空调工程（编码：0307）

附录 H 工业管道工程（编码：0308）

附录 J 消防工程（编码：0309）

附录 K 给排水、采暖、燃气工程（编码：0310）

附录 L 通信设备及线路工程（编码：0311）

附录 M 刷油、防腐蚀、绝热工程（编码：0312）

附录 N 措施项目（编码：0313）

每个附录（专业工程）又划分为若干个分部工程，如附录 D 电气设备安装工程又划分为 D.1 变压器安装（030401）~ D.14 电气调整试验（030414）14 个分部工程。每个分部工程又划分为若干分项工程，列于分部工程表格之内。

1. 项目编码

项目编码是指分部分项工程和措施项目清单名称的阿拉伯数字标识。工程量清单项目编码采用十二位阿拉伯数字表示，一至九位应按计量规范附录规定设置，十至十二位应根据拟建工程的工程量清单项目名称设置，同一招标工程的项目编码不得有重码。当同一标段（或合同段）的一份工程量清单中含有多个单位工程且工程量清单是以单位工程为编制对象时，在编制工程量清单时应特别注意对项目编码十至十二位的设置不得有重码。五级编码组成内容如下：

（1）第一级表示专业工程代码（分 2 位）：建筑工程为 01、装饰装修工程为 02、安装工程为 03、市政工程为 04、园林绿化工程为 05。

（2）第二级表示附录分类顺序码（分 2 位）。

（3）第三级表示分部工程顺序码（分 2 位）。

（4）第四级表示分项工程项目名称顺序码（分 3 位）。

（5）第五级表示工程量清单项目名称顺序码（分 3 位）。

例如：

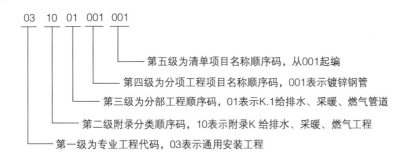

补充项目的编码由《通用安装工程工程量计算规范》（GB 50856—2013）的代码与 B 和三位阿拉伯数字组成，并应从 03B001 起顺序编制，同一招标工程的项目不得重码。

2. 项目名称

工程量清单的分部分项工程和措施项目的项目名称应按工程量计算规范附录中的项目名称结合拟建工程的实际情况进行确定。工程量计算规范中的项目名称是具体工作中对清单项目命名的基础，应在此基础上结合拟建工程的实际情况，将项目名称具体化，特别是归并或综合性较大的项目应区分项目名称，分别编码列项。

3. 项目特征

项目特征是表征构成分部分项工程项目、措施项目自身价值的本质特征，是对体现分部分项工程量清单、措施项目清单价值的特有属性和本质特征的描述。从本质上讲，项目特征体现的是对清单项目的质量要求，是确定一个清单项目综合单价不可缺少的重要依据，在编制工程量清单时，必须对项目特征进行准确和全面的描述。工程量清单项目特征描述的重要意义在于：项目特征是区分具体清单项目的依据；项目特征是确定综合单价的前提；项目特征是履行合同义务的基础。如实际项目实施中，施工图纸中特征与分部分项工程项目特征不一致或发生变化，即可按合同约定调整该分部分项工程的综合单价。

项目特征应按工程量计算规范附录中规定的项目特征，结合拟建工程项目的实际情况予以描述，能够体现项目本质区别的特征和对报价有实质影响的内容都必须描述。项目特征描述的内容应按工程量计算规范附录中的规定，结合拟建工程的实际情况，能满足确定综合单价的需要。若采用标准图集或施工图纸能够全部或部分满足项目特征描述的要求，项目特征描述可直接采用详见××图集或××图号的方式。对不能满足项目特征描述要求的部分，仍应用文字描述。

4. 计量单位

清单项目的计量单位应按工程量计算规范附录中规定的计量单位确定。规范中的计量单位均为基本单位，与消耗量定额中所采用基本单位扩大一定的倍数不同。如质量以"t""kg"为单位，长度以"m"为单位，面积以"m²"为单位，体积以"m³"为单位，自然计量的以"个、件、根、组、系统"为单位。

工程量计算规范附录中有两个或两个以上计量单位的，应结合拟建工程项目的实际情况，确定其中一个为计量单位，在同一个建设项目（或标段、合同段）中，有多个单位工程的同一项目计量单位必须保持一致。

5. 工程量计算规则

工程量计算规范统一规定了工程量清单项目的工程量计算规则。其原则是按施工图图示尺寸（数量）计算清单项目工程数量的净值，一般不需要考虑具体的施工方法、施工工艺和施工现场的实际情况所产生的施工余量。如"配线"的计算规则为"按设计图示尺寸以单线长度计算（含预留长度）"，其中"预留长度"的情形和计算在规范里有规定，包括进入各种开关箱、柜、板等的预留，其他如灯具、明暗开关、插座、按钮等的预留线分别综合在有关定额子目内，不计算工程量，在综合单价中综合考虑。

6. 工作内容

工作内容是指为了完成工程量清单项目所需要发生的具体施工作业内容，是进行清单项目组价的基础。工程量计算规范附录中给出的是一个清单项目可能发生的工作内容，在确定综合单价时需要根据清单项目特征中的要求、具体的施工方案等确定清单项目的工作内容。

工作内容不同于项目特征，项目特征体现的是清单项目质量或特性的要求或标准，工作内容体现的是完成一个合格的清单项目需要具体做的施工作业和操作程序，对于一项明确的分部分项工程项目或措施项目，工作内容确定了其工程成本。不同的施工工艺和方法，工作内容也不一样，工程成本也就有了差别。在编制工程量清单时一般不需要描述工作内容。

"030404017 配电箱"其项目特征为：

（1）名称。

（2）型号。

（3）规格。

（4）基础形式、材质、规格。

（5）接线端子材质、规格。

（6）端子板外部接线材质、规格。

（7）安装方式。

工作内容为：

（1）本体安装。

（2）基础型钢制作、安装。

（3）焊、压接线端子。

（4）补刷（喷）油漆。

（5）接地。

通过对比可以看出，如"基础形式、材质、规格"是对配电箱基础制作、安装的要求，体现的是用什么样规格和材质的材料去做，属于项目特征；"基础型钢制作、安装"是配电箱安装过程中的工艺和方法，体现的是如何做，属于工作内容。

2.2　工程量清单的编制

按照《建设工程工程量清单计价规范》（GB 50500—2013）的规定，工程量清单是指载明建设工程分部分项工程、措施项目、其他项目的名称和相应数量以及规费项目、税金项目等内容的明细清单。该规范同时又规定了招标工程量清单，招标工程量清单是指招标人依据国家标准、招标文件、设计文件以及施工现场实际情况编制的，随招标文件发布供投标报价的工程量清单。

招标工程量清单应以单位（项）工程为单位编制，由分部分项工程项目清单、措施项目清单、其他项目清单、规费和税金项目清单组成。招标工程量清单应由具有编制能力的招标人或受其委托、具有相应资质的工程造价咨询人编制。招标工程量清单必须作为招标文件的组成部分，其准确性和完整性由招标人负责。

②.②.① 一般规定 ⋯⋯⋯⋯⋯⋯⋯⋯⋯⋯⋯⋯⋯⋯⋯⋯⋯⋯⋯⋯⋯⋯●

1. 工程量清单的编制依据

（1）《建设工程工程量清单计价规范》（GB 50500—2013）。

（2）《通用安装工程工程量计算规范》（GB 50856—2013）。

（3）国家或省级、行业建设主管部门颁发的计价依据和办法。

（4）与建设工程项目有关的标准、规范、技术资料。

（5）拟定的招标文件。

（6）施工现场情况、工程特点及常规施工方案。

（7）其他相关资料。

2. 工程量清单编制的一般规定

工程计量时每一项目汇总的有效位数应遵守下列规定：

（1）以"t"为单位，应保留小数点后三位数字，第四位小数四舍五入。

（2）以"m""m²""m³""kg"为单位，应保留小数点后两位数字，第三位小数四舍五入。

（3）以"台""个""件""套""根""组""系统"等为单位，应取整数。

《通用安装工程工程量计算规范》（GB 50856—2013）各项目仅列出了主要工作内容，除另有规定和说明外，应视为已经包括完成该项目所列或未列的全部工作内容。

编制工程量清单出现附录中未包括的项目时，编制人应作补充，并报省级或行业工程造价管理机构备案，省级或行业工程造价管理机构应汇总报送住房和城乡建设部标准定额研究所。补充项目的编码由《通用安装工程工程量计算规范》（GB 50856—2013）的代码与B和三位阿拉伯数字组成，并应从03B001起顺序编制，同一招标工程的项目不得重码。补充的工程量清单需附有补充项目的名称、项目特征、计量单位、工程量计算规则、工程内容。不能计量的措施项目需附有补充项目的名称、工作内容及包含范围。

2.2.2 工程量清单表式组成 ●

按照《四川省建设工程工程量清单计价定额》（2020）的规定，招标工程量清单须采用统一格式，由下列表式组成：

1. 招标工程量清单封面。

2. 招标工程量清单扉页。

3. 总说明。

4. 分部分项工程和单价措施项目清单与计价表。

5. 总价措施项目清单与计价表。

6. 其他项目清单与计价汇总表。

（1）暂列金额明细表。

（2）材料（工程设备）暂估单价及调整表。

（3）专业工程暂估价及结算价表。

（4）计日工表。

（5）总承包服务费计价表。

7. 发包人提供材料和工程设备一览表。

8. 承包人提供主要材料和设备一览表（适用于造价信息差额调整法）。

9. 承包人提供主要材料和设备一览表（适用于价格指数调整法）。

2.2.3 工程量清单编制方法 ●

1. 招标工程量清单封面

招标工程量清单封面应填写招标工程立项时批准的具体工程名称，招标人应加盖单位公章。如果招标工程量清单是招标人委托工程造价咨询人编制的，工程造价咨询人也应加盖单位公章。

2. 招标工程量清单扉页

扉页应按规定的内容填写、签字、盖章。

招标人自行编制招标工程量清单时，招标人加盖单位公章，其法定代表人或其授权人签字或盖章，参与编制的招标人的造价人员签字并盖专用章。注意：复核人应是招标人自己的注册一级造价工程师。

招标人委托工程造价咨询人编制工程量清单时，除招标人加盖单位公章及其法定代表人或其授权人签字或盖章外，工程造价咨询人应盖单位资质专用章，其法定代表人或其授权人应签字或盖章，复核人处由工程造价咨询人的注册一级造价工程师签字并盖专用章。

3. 总说明

总说明的内容应包括：

（1）工程概况：建设规模、工程特征、计划工期、施工现场实际情况、自然地理条件、环境保护要求、交通状况等。

（2）工程发包和专业分包范围。

（3）工程量清单编制依据。

（4）工程质量、材料、施工等的特殊要求。

（5）其他需要说明的问题。

作为招标工程量清单，其主要作用是用于招标投标，所以在"其他需要说明的问题"中，应重点对投标人提出或明示投标报价的规定和要求，如综合单价的组成及填报、合价与总价的规定、措施项目报价要求、人工费的调整要求、材料价格的调整要求、报价风险的考虑等。以下三种情况一般也应在总说明中进行公布或说明：

1）按照《中华人民共和国招标投标法实施条例》的规定，招标人设有最高投标限价的，应当在招标文件中公布最高投标限价即招标控制价，招标工程量清单也是招标文件的组成部分，所以通常情况是在总说明中单列一段，公布招标工程的招标控制价及其暂列金额数量。

按照现行的《四川省房屋建筑和市政工程工程量清单招标投标报价评审办法》的规定，招标人应在招标文件中公布招标控制价的全部内容（综合单价分析表除外）。

2）按照《四川省建设工程工程量清单计价定额》（2020）的规定，为保证招标投标工作顺利进行，投标人投标报价时，安全文明施工费应按招标人公布的安全文明施工费固定金额计取，结算时另行计算。所以，招标人确定的固定的安全文明施工费金额应在总说明中公布。

3）按照《四川省建设工程工程量清单计价定额》（2020）的规定，投标人投标报价时的规费也应按招标人公布的固定金额计入报价，结算时另行计算。所以，招标人在总说明中应公布固定规费的金额，提供给投标人使用。

4. 分部分项工程和单价措施项目清单与计价表

分部分项工程清单与单价措施项目清单的编制要求相同，所以将两者合并为一个表，可以简化招标工程量清单。

分部分项工程量清单必须按照"五个要件"进行编制，即必须根据工程量计算规范规定的项目编码、项目名称、项目特征、计量单位和工程量计算规则进行编制。表中的综合单价与合价在编制工程量清单时不得填列。

（1）项目编码

以五级编码设置，用 12 位阿拉伯数字表示。前 9 位为全国统一编码，分四级；后 3 位为第五级，是工程量清单项目名称顺序码，由清单编制人员根据设置的清单项目编制，从

001 起编，同一招标工程的项目编码不得有重码。

（2）项目名称

1）项目名称设置以形成工程实体为原则，因此项目的名称应以工程实体命名。实体是指形成生产或工艺作用的主要实体部分，对附属或次要部分均不设置项目。但也有个别工程项目，既不能形成实体，又不能综合在某一个实物量中。例如，消防系统的调试、自动控制仪表工程、采暖工程、通风工程的系统调试项目，均是多台设备、组件由网络（管线）连接组成一个系统，在设备安装的最后阶段，根据工艺要求进行参数整定与测试调整，以达到系统运行前的验收要求。它是某些设备安装不可或缺的内容，没有这个过程就无法验收。因此，《建设工程工程量清单计价规范》对系统的调试项目均作为工程量清单项目单列。

2）一个单位工程内的清单项目设置不能重复，相同的项目只能相加后列为一项，用同一个清单编码，对应一个综合单价。

（3）项目特征

1）项目特征的描述要具体。项目特征主要是指明显影响实体自身价值（如材质、规格等），以及体现工艺不同或安装的位置不同的因素等，是用来进一步表述清单项目名称的，应根据《通用安装工程工程量计算规范》（GB 50856—2013）中每个清单项目的要求，并结合拟建工程情况来具体表述。

2）项目名称的描述要到位。其是指用《通用安装工程工程量计算规范》（GB 50856—2013）中该项目所对应的"工程内容"中应完成的工作来描述项目。到位就是要结合拟建工程情况将完成该项目的全部内容体现在清单上，不能有遗漏，以便投标人报价。有的工程内容（如刷油、试压等），《四川省建设工程工程量清单计价定额——通用安装工程》（2020）中已作了综合考虑，如电气配管工程项目，定额的工作内容中已包含了刷油，而且消耗材料中也给出了油漆的消耗量；给排水工程的管道工程均含水压试验等。即使是这样，在电气工程的钢管明配项目的描述中仍要加上刷油内容，在给排水管道安装项目的描述中也要加上试压内容。这是因为清单的编制与《四川省建设工程工程量清单计价定额——通用安装工程》（2020）不直接相关，除指定使用这个定额可以不描述刷油（因为定额已包括了刷油）外，一般均应给以描述。另外，有的"工程内容"无法确定其发生与否，如变压器安装"工程内容"中的干燥和油过滤，一般需要到货后经检查方可确定其干燥与否，绝缘油是否需要过滤。在这种情况下通常可按发生描述，也可按不发生描述，但必须在招标文件有关条款中明确实际施工与清单描述不同时的增减处理办法。

总之，分部分项工程量清单名称的设置应根据《通用安装工程工程量计算规范》（GB 50856—2013）中相应清单的项目名称、项目特征、工作内容及拟建工程实际情况等几方面来考虑。另外，由于安装工程材料品牌种类繁多，在编制清单时，对于价格因品牌差异不大的材料（如镀锌钢管、普通绝缘导线等）可不列材料的厂家、品牌，而对于价格因品牌差异大的材料和设备应在编制清单时由招标人确定（或暂定）所用材料的厂家、品牌及详细的型号、规格，以便于评标和结算。为此，同一个清单编码在不同实际工程中的清单名称是不一定相同的，即仅能保证编码前9位相同的清单项目其对应的大类别名称是唯一的。

（4）计量单位

《通用安装工程工程量计算规范》（GB 50856—2013）附录中有两个或两个以上计量单位的，应结合拟建工程项目的实际情况，确定其中一个为计量单位。同一工程项目的计量单位应一致。

（5）工程量

分部分项工程量清单的工程量计算应按《通用安装工程工程量计算规范》（GB 50856—2013）中的工程量计算规则执行。

单价措施项目是可以计算工程量的项目，按照分部分项工程量清单相同的方式进行编制。按照《四川省建设工程工程量清单计价定额——通用安装工程》（2020）中通用项目及措施项目分册的规定，专业措施项目工程量清单中，大型设备专用机具，特殊地区施工增加，安装与生产同时进行施工增加，在有害身体健康环境施工增加，工程系统检测、检验，设备、管道施工的安全、防冻和焊接保护，焦炉烘炉、热态工程，隧道内施工的通风、供水、供电、照明及通信设施，脚手架搭拆，其他措施，建筑物超高增加应列入单价措施计算。

5. 总价措施项目清单与计价表

总价措施项目是不能计算工程量的项目，如安全文明施工费、夜间施工增加费、二次搬运费等。此类措施项目以"项"为计量单位进行编制，以费率形式计算总价措施项目费。在编制招标工程量清单时，可不考虑其对应的费率大小，在编制招标控制价时再按对应费率计取总价措施项目费用。

6. 其他项目清单与计价汇总表

其他项目清单是指分部分项工程项目清单、措施项目清单所包含的内容以外，因招标人的要求而发生的与拟建工程有关的其他费用项目和相应数量的清单。工程建设标准的高低、工程的复杂程度、工程的工期长短、工程的组成内容等直接影响其他项目清单中的具体内容。其他项目清单包括暂列金额、暂估价（包括材料暂估单价、工程设备暂估单价、专业工程暂估价）、计日工、总承包服务费等，不足部分可根据拟建工程的具体情况列项。编制招标工程量清单时，暂列金额、暂估价均属招标人费用，其金额大小及内容在招标工程量清单中由招标人确定和计算，提供给投标人。而计日工、总承包服务费属投标人费用，由投标人在投标时报价。招标人编制招标控制价时，也可计算这两项费用。

（1）暂列金额明细表

暂列金额在实际履约过程中可能发生，也可能不发生。本表要求招标人能将暂列金额与拟用项目列出明细。但在实际编制中，招标人往往只是列出暂定金额总额即可。投标时，投标人应将上述暂列金额计入投标总价中，不能在所列的暂列金额以外再增加任何其他费用。

（2）材料（工程设备）暂估单价及调整表

在工程施工中肯定发生，但在招标阶段不能确定的某些材料或设备的单价，为保证招标投标活动顺利进行，可以先以暂估单价形式出现。暂估单价由招标人按照材料或设备的名称、型号和单价，在本表中逐项列出。投标人只需将材料或设备暂估单价计入自己投标报价的综合单价即可，投标人不得自己提出暂估单价。

（3）专业工程暂估价及结算价表

专业工程暂估价项目及其表中列明的专业工程暂估价款，是指分包人实施专业工程的造价，也是由招标人暂估。投标人在投标时将该暂估价计入投标总价即可。总承包施工招标完成后，专业工程暂估价达到必须招标的限额规定的，必须进行二次招标。

（4）计日工表

计日工是在施工中，承包人完成施工合同范围以外的零星项目或工作，按合同约定的单价计价的一种方式。计日工是为了解决现场发生的零星工作的计价而设立的。计日工应对完成零星工作所消耗的人工工日、材料数量、施工机具台班进行计量，投标人需要对这些计日工进行报价，结算时按照计日工表填报的适用项目的单价进行计价支付。招标人编制计日工表时，应列出计日工的项目名称、暂定数量，并且需要根据经验，尽可能估算出一个比较贴近实际的数量，且尽可能把项目列全，以消除因此而产生的争议。

（5）总承包服务费计价表

总承包服务费是总承包人为配合协调发包人进行的专业工程分包，对发包人自行采购的材料、设备（简称甲供材料）等进行保管以及施工现场管理、竣工资料汇总整理等服务所发生的费用。投标人应预计这笔费用并填入本表中。此表的项目名称、服务内容由招标人填写。需要注意的是，如果招标工程没有发包人进行的专业工程分包，没有甲供材料，就不会产生总承包服务费。

7. 发包人提供材料和工程设备一览表

发包人提供的材料和工程设备（甲供材料）应在本表中填写。招标人应写明甲供材料的名称、规格、数量、单位和单价等。投标人在投标报价时，可以参考此表确定总承包服务费的报价。

8. 承包人提供主要材料和工程设备一览表（适用于造价信息差额调整法）

在编制招标工程量清单时，此表由招标人填入除"投标单价"外的所有内容，供投标人使用。投标人在投标报价时，自主确定填写"投标单价"。招标人应优先采用工程造价管理机构发布的信息单价作为基准单价，未发布的通过市场询价确定其基准单价。在工程施工中，当材料和设备价格发生较大变化达到合同约定的价格调整条件时，可以使用此表方便地进行材料和设备信息单价的调整。

9. 承包人提供主要材料和工程设备一览表（适用于价格指数调整法）

　　在编制招标工程量清单时，此表的"名称、规格、型号"由招标人填写，"基本价格指数"也由招标人填写。名称、规格、型号一栏既包括需调价的材料类型，也包括需要调整的人工费和机械费。基本价格指数应首先采用工程造价管理机构发布的价格指数，没有发布的可采用发布的价格代替。此表的"变值权重"由投标人在投标报价时填写。"现行价格指数"在竣工结算时按规定填写。

第3章　工程量清单计价

3.1　定额计价和清单计价的区别

建筑工程定额计价模式在我国有较长的应用历史。它是根据各地建设主管部门颁布的预算定额或综合定额中规定的工程量计算规则、定额单价和取费标准等，按照计量、套价、取费的方式进行计价。按这种计价模式计算出的工程造价反映了一定地区和一定时期建设工程的社会平均价值，可以作为考核固定资产建造成本、控制投资的直接依据。但预算定额是按照计划经济的要求制定、发布、贯彻执行的，工、料、机的消耗量是根据"社会平均水平"综合测定的，费用标准是根据不同地区平均测算的，因此企业报价时就会表现为平均主义，企业不能结合项目具体情况、自身技术管理水平自主报价，不能充分调动企业加强管理的积极性，也不能充分体现市场公平竞争的原则。

2003年2月17日，建设部颁布了《建设工程工程量清单计价规范》（GB 50500—2003），确定了工程量清单的计价方法，并于2003年7月1日起施行。采用这种方法，投标企业可以结合自身的生产效率、消耗水平和管理能力与已储备的本企业报价资料投标报价，工程造价由承、发包双方在市场竞争中按价值规律通过合同确定。但这两种方法并不是完全孤立的，两者有密切的联系。

3.1.1　工程量清单计价与定额计价的联系

1. 现行定额是工程量清单计价的基础

传统观念上的定额包括工程量计算规则、消耗量水平、单价、费用定额的项目和标准，而现在谈及的工程量清单计价与定额关系中的"定额"仅特指消耗量水平（标准）。原来的定额计价是以消耗量水平为基础，配上单价、费用标准等用以计价；而工程量清单虽然也以消耗量水平为基础，但是单价、费用的标准等，政府都不再作规定，而是由"政府宏观调控，市场形成价格"。虽然同样是以消耗量标准为基础，但两者区别是很大的。可以进一步理解为，目前政府仍然发布的消耗量标准不仅仅是推荐性的，还应该是过渡性的。建筑施工企业竞争的实质是劳动生产率的竞争，而劳动生产率高低的具体表现就是活劳动与物化劳动的消耗标准，它反映了一个企业的消耗量水平，所以在淡化政府定额之后，企业应该建立自己的定额——企业的消耗量标准。用发展的眼光来看，工程量清单计价应该抛开政府发布的社会平均水平的消耗量标准，而使用企业自己的消耗量作为编制工程量清单的基础，编制出反映企业自己的消耗水平、反映企业实际竞争能力的报价书。

当然，就目前阶段而言，在企业还没有或没有完整定额的情况下，政府还需要继续发布一些社会平均消耗量定额供大家参考使用，这也便于从定额计价向工程量清单计价转移。可以看出，工程量清单计价的推广还将有助于进一步淡化政府发布的平均消耗量定额，从而推动企业建立自己的消耗量标准。

2. 量价分离

要理解工程量清单与定额的关系，还涉及一个问题，那就是"量价分离"。量价分离是工程造价管理工作改革中的一个热点，也有些人认为量价分离是工程造价工作改革的一个标志。量价分离所表达的意思是政府定价已经取消，量价合一的模式必须改革，是对改革的一个总体要求。只要能够将计价规范和定额无缝衔接，工程量清单计价就能发挥其应有的作用。

工程量清单计价法相对于传统的定额计价方法而言是一种全新的计价模式，或者说是一种市场定价模式，是由建筑产品的买方和卖方在建筑市场上根据供求状况、信息状况进行自由竞价，最终能够签订工程合同价格的方法。在工程量清单的计价过程中，工程量清单为建筑市场的交易双方提供了一个平等的平台，其内容和编制原则的确定是整个计价方式改革中的重要工作。

3.1.2 工程量清单计价与定额计价的区别

工程量清单计价与定额计价的区别主要体现在以下几方面：

1. 计价依据不同

计价依据不同是清单计价和定额计价的最根本区别。

定额计价的唯一依据就是定额，而工程量清单计价的主要依据是企业定额，包括企业生产要素消耗量标准、材料价格、施工机械配备及管理状况、各项管理费支出标准等。目前，多数企业可能没有企业定额，但随着工程量清单计价形式的推广和报价实践的增加，企业将逐步建立起自身的定额和相应的项目单价。当企业都能根据自身状况和市场供求关系报出综合单价时，企业自主报价、市场竞争（通过招标投标）定价的计价格局也将形成，这也正是工程量清单所要达成的目标。工程量清单计价的本质是要改变政府定价模式，建立起市场形成造价机制，只有计价依据个别化，这一目标才能实现。

2. 反映水平不同

工程量清单计价是投标人依据企业自己的管理能力、技术装备水平和市场行情进行自主报价，反映的是企业自身的水平。定额计价实际上反映的是社会平均水平。

3. 项目设置不同

按定额计价的工程项目划分即按照工序划分，一般安装定额有几千个项目，其划分原则是按工程的不同部位、不同材料、不同工艺、不同施工机械、不同施工方法和材料规格型号等进行划分，划分十分详细。工程量清单计价的工程项目划分较之定额项目的划分有较大的综合性，一般是按综合实体进行分项的，每个分项工程一般包含多项工程内容，它考虑工程部位、材料、工艺特征，但不考虑具体的施工方法或措施，如人工或机械、机械的不同型号等，同时，对于同一项目不再按阶段或过程分为几项，而是综合到一起。其优点是能够减少原来定额对于施工企业工艺方法选择的限制，报价时有更多的自主性。

4. 项目编码不同

定额计价采用各省市自己的项目编码，清单计价则采用国家统一标准项目编码。分部分项工程量清单项目编码以五级编码进行设置。

5. 编制工程量不同

（1）编制的主体不同。在定额计价方法中，建设工程的工程量分别由招标人与投标人按设计图纸进行计算。在清单计价方法中，工程量由招标人统一计算或委托有工程造价咨询资质的单位统一计算。工程量清单是招标文件的重要组成部分，各投标人根据招标人提供的工程量清单，根据自身的技术装备、施工经验、企业成本、企业定额、管理水平自主报价。

（2）工程量计算规则不同。

（3）需要计算的工程量不同。定额计价的工程量一般由承包方负责计算，计算规则执行的是计价定额（即消耗量定额）的规定，由发包方进行审核。清单计价的工程量来源于两个方面：一是清单项目的工程量，由清单编制人根据《建设工程工程量清单计价规范》各附录中的工程量计算规则进行计算，并填写工程量清单作为招标文件的一部分发至投标人；二是组成清单项目的各个定额分项工程的工程量，由投标人根据计价定额规定的工程量计算规则进行计算，并执行相应计价定额组成综合单价。

6. 单价组成不同

定额计价的单价包括人工费、材料费、机械台班费，单价是工料单价，属于不完全单价。

清单计价采用综合单价形式，综合单价包括人工费、材料费、机械费、管理费和利润，并考虑了风险因素，属于完全单价。采用综合单价便于工程款支付、工程造价的调整和工程结算，也避免了因为"取费"产生的一些无谓纠纷。综合单价中的直接费、管理费和利润由投标人根据本企业实际支出及利润预期、投标策略确定，是施工企业实际成本费用的反映，是工程的个别价格。综合单价的报出是一个个别计价、市场竞争的过程。

7. 计价原理（计价程序）不同

定额计价的原理是按照定额子目的划分原则，将图纸设计的内容划分为计算造价的基本单位，即进行项目的划分，计算确定每个项目的工程量，然后选套相应的定额，再计取工程的各项费用，最后汇总得到整个工程造价。

工程量清单计价是在招标投标过程中，按照业主在招标文件中规定的工程量清单和有关说明，由投标方根据政府颁布的有关规定进行清单项目的单价分析，然后进行清单填报的计价模式。工程量清单计价时，造价由工程量清单费用（ $=\sum$ 清单工程量×项目综合单价）、措施项目清单费用、其他项目清单费用、规费、税金五部分构成。

定额计价未区分施工实物性损耗与施工措施性损耗。工程量清单计价把施工措施与工程实体项目进行分离，把施工措施消耗单列并纳入了竞争的范畴。做这种划分的考虑是将施工过程中的实体性消耗和措施性消耗分开，对于措施性消耗费用只列出项目名称，由投标人根据招标文件要求和施工现场情况、施工方案自行确定，体现出以施工方案为基础的造价竞争。

8. 评标采用的方法不同

定额计价投标一般采用百分制评分法。清单计价投标一般采用合理低报价中标法，既要对总价进行评分，又要对综合单价进行分析评分。

9. 合同价格的调整方式不同

定额计价形成的合同，其价格的主要调整方式有变更签证、定额解释、政策性调整，往往调整内容较多，容易引起纠纷。在一般情况下，工程量清单计价的单价是相对固定的，综合单价基本上是不变的，因此减少了在合同实施过程中的调整因素。在通常情况下，如果清单项目的数量没有增减，就能够保证合同价格基本没有调整，保证了其稳定性，也便于业主进行资金准备和筹划。

10. 风险处理的方式不同

工程预算采用定额计价时，风险只在投资一方，所有的风险在不可预见费中考虑；结算时，按合同约定，可以调整。可以说投标人没有风险，不利于控制工程造价。工程量清单计价时，招标人与投标人合理分担风险，工程量上的风险由甲方承担，单价上的风险由乙方承担。投标人对自己所报的成本、综合单价负责，还要考虑各种风险对价格的影响，综合单价一经合同确定，结算时不可以调整（除工程量有变化），且对工程量的变更或计算错误不负责任；相应的，招标人在计算工程量时要准确，这一部分风险应由招标人承担，有利于控制工程造价。

11. 计量单位的区别

工程量清单计价的计量单位均采用《建设工程工程量清单计价规范》（GB 50500—2013）附录中规定的基本单位，它与定额计量单位不一样，定额计量单位一般为复合单位，如 10m、100kg、10m² 等。

12. 计价格式的区别

根据《建设工程工程量清单计价规范》（GB 50500—2013）的要求，清单计价使用"工程量清单计价表"，以综合单价计价。工程量清单格式包括封面、填表须知、总说明和分部分项工程量清单、措施项目工程量清单、其他项目清单及配套使用的零星工作项目表。工程量清单计价格式包括封面、投标总价、工程项目总价表、单项工程费汇总表、单位工程费汇总表、分部分项工程量清单计价表、措施项目清单计价表、其他项目清单计价表、零星工作项目计价表、分部分项工程量清单综合单价分析表、措施项目费分析表、主要材料价格表。同时，对工程量清单格式及工程量清单计价格式的填写均作了明确的规定。定额计价是以定额分项工程的单价计价，定额计价时，确定直接费和各项费用计算的表格形式，即建筑安装工程预算表。

由以上分析可见，工程定额计价与工程量清单计价既有区别又有共性，实际操作中可以把清单项目作为一个平台与原来定额内容进行对口连接。

3.2　四川省安装工程工程量清单计价定额

3.2.1　安装工程消耗量定额

安装工程消耗量定额是指消耗在组成安装工程基本构成要素上的人工、材料、施工机械台班的合理数量标准。

3.2.2　安装工程基本构成要素

按 WBS（工作分解结构： Work Breakdown Structure）方法将安装工程进行分解后得到的最小的安装工程（作）单位，称为"安装工程基本构成要素"，也称为安装工程的"细目"或"子目"。它是组成安装工程最基本的单位实体，具有独特的基本性质。"安装工程基本构成要素"有名称、有编码、有工作内容、有计量单位、可以独立计算资源消耗量、可以计算其净产值，它是工作任务的分配依据、是工程造价的计算单元、是工程成本计划和核算的基本对象。这也是对定额分部分项或子项分解和建立的基本要求。

若测定出这些"安装工程基本构成要素"合理需要的劳动力、材料和施工机械使用台班等的消耗数量后，并将其按工程结构或生产顺序的规律，有机地依序排列起来，编上编码，再加上文字说明，印制成册，就成为"安装工程消耗量定额手册"，简称"定额"。

3.2.3　《通用安装工程消耗量定额》（TY02—31—2015）简介

《通用安装工程消耗量定额》（TY02—31—2015）由 12 个专业的安装工程预算定额组成：

第一册《机械设备安装工程》

第二册《热力设备安装工程》

第三册《静置设备与工艺金属结构制作安装工程》

第四册《电气设备安装工程》

第五册《建筑智能化工程》

第六册《自动化控制仪表安装工程》

第七册《通风空调工程》

第八册《工业管道工程》

第九册《消防工程》

第十册《给排水、采暖、燃气工程》

第十一册《通信设备及线路工程》

第十二册《刷油、防腐蚀、绝热工程》

3.2.4 《通用安装工程消耗量定额》(TY02—31—2015)的组成内容 ⋯⋯●

《通用安装工程消耗量定额》(TY02—31—2015)中 12 个专业的安装工程消耗量定额由以下内容组成。

1. 定额总说明

定额总说明的内容包含定额编制的依据,工程施工条件的要求,定额人工、材料、机械台班消耗标准的确定说明及范围,施工中所用仪器、仪表台班消耗量的取定,对垂直和水平运输要求的说明,对定额中相关费用按系数计取的规定及其他有关问题的说明。

2. 各专业工程定额册说明

各专业工程定额册说明是对本册定额共同性问题所作的说明,说明了该专业工程定额的内容和适用范围,定额依据的专业标准和规范,定额的编制依据,有关人工、材料和机械台班定额的说明,与其他安装专业工程定额的关系,超高、超层脚手架搭拆及摊销等的规定。

3. 目录

目录为查找、检索安装工程子目定额提供方便。更主要的是,各专业安装工程预算定额是该专业工程经过了 WBS 分解,其基本构成要素有机构成的顺序已完全体现在“定额目录”中。所以,定额目录为工程造价人员在计算工程造价时提供连贯性的参考,使其在立项计算消耗量时不致漏项或错算。

4. 分章说明

分章说明主要说明本章定额的适用范围、工作内容、工程量的计算规则、本定额不包括的工作内容,以及用定额系数计算消耗量的一些规定。

5. 定额项目表

它是各专业工程定额的重要内容之一，定额分项工程项目表是预算定额的主要部分。定额项目表是安装工程按 WBS 分解后的工程基本构成要素的有机组合，并按章—节—项—分项—子项—目—子目（工程基本构成要素）等次序排列起来，然后按排列的顺序编上分类码和顺序码以体现有机的系统性。定额项目表组成的内容包括章节名称，分节工作内容，各组成子目及其编号，各子目人工、材料、机械台班消耗数量等，它以表格形式列出各分项工程项目的名称、计量单位、工作内容、定额编号及其中的人工、材料、机械台班消耗量。

6. 附录

附录放在每册消耗量定额之后，为使用定额提供参考资料和数据，一般包括以下内容。

（1）工程量计算方法及相关规定。

（2）材料、构件、零件、组件等质量及数量表。

（3）材料配合比表、材料损耗率表等。

3.2.5　《四川省建设工程工程量清单计价定额——通用安装工程》（2020）简介 …●

《四川省建设工程工程量清单计价定额——通用安装工程》（2020）是根据《建设工程工程量清单计价规范》（GB 50500—2013）、《通用安装工程消耗量定额》（TY02—31—2015）、《四川省建设工程工程量清单计价定额——通用安装工程》（2015），结合四川省的实际情况编制的，共 13 分册：

A——《机械设备安装工程》

B——《热力设备安装工程》

C——《静置设备与工艺金属结构制作安装工程》

D——《电气设备安装工程》

E——《建筑智能化工程》

F——《自动化仪表安装工程》

G——《通风空调工程》

H——《工业管道工程》

J——《消防工程》

K——《给排水、采暖、燃气工程》

L——《通信设备及线路工程》

M——《刷油、防腐蚀、绝热工程》

N——《通用项目及措施项目》

《四川省建设工程工程量清单计价定额——通用安装工程》（2020）自 2021 年 4 月 1 日起执行。

3.2.6 《四川省建设工程工程量清单计价定额——通用安装工程》 （2020）的组成内容

1. 总说明

总说明的内容包括定额的编制依据、适用范围、消耗量标准、综合基价、措施项目费、其他项目费、规费、税金等。

（1）"营改增"变化

为贯彻落实"营改增"的方针政策，《四川省建设工程工程量清单计价定额》（2020）中所有定额项目费用构成中不再含增值税中的"进项税"。定额综合基价（包括组成内容）均为不含税综合基价，适用于一般计税方式，定额增值税为销项税额。对简易计税法，《四川省建设工程工程量清单计价定额》（2020）另行规定了调整系数和计税方法。

《四川省建设工程工程量清单计价定额》（2020）的机械台班定额单价为不含税的单价，采用简易计税时，以调整系数计算。总价措施项目费、安全文明施工费以一般计税和简易计税分别制定费率，适应不同的计税方式。附加税不进入企业管理费。编制招标控制价时，附加税按定额规定的费率计算；办理竣工结算时，附加税按国家规定的计算方法计算。

（2）消耗量标准

《四川省建设工程工程量清单计价定额》（2020）的消耗量标准是根据国家现行设计标准、施工质量验收规范和安全技术操作规程，以正常的施工条件、合理的施工组织设计、施工工期、施工工艺为基础，结合四川省的施工技术水平和施工机械装备程度进行编制的，它反映了社会的平均水平。因此，除定额允许调整者外，定额中的材料消耗量均不得变动，如遇特殊情况，需报经工程所在地工程造价管理部门同意，并报省建设工程造价管理总站备查后方可调整。

（3）综合基价

本定额综合基价是由完成一个规定计量单位的分部分项工程项目或措施项目的工程内容所需的人工费、材料和工程设备费、施工机具使用费、企业管理费、利润所组成的。

1）人工费

①人工费是指按工资总额构成规定，支付给从事建筑安装工程施工的生产工人和附属生产单位工人的各项费用。内容包括：

a. 计时工资或计件工资：是指按计时工资标准和工作时间或对已做工作按计件单价支付给个人的劳动报酬。

b. 奖金：是指由于超额劳动和增收节支，支付给个人的劳动报酬，如节约奖、劳动竞赛奖等。

c. 津贴补贴：是指为了补偿职工特殊或额外的劳动消耗和因其他特殊原因支付给个人的津贴，以及为了保证职工工资水平不受物价影响而支付给个人的物价补贴，如流动施工津贴、特殊地区施工津贴、高温（寒）作业临时津贴、高空津贴等。

d. 加班加点工资：是指按规定支付的在法定节假日工作的加班工资和在法定工作日工作时间外延时工作的加点工资。

e. 特殊情况下支付的工资：是指根据国家法律、法规和政策规定，因病、工伤、产假、计划生育假、婚丧假、事假、探亲假、定期休假、停工学习、执行国家或社会义务等原因按计时工资标准或计量工资标准的一定比例支付的工资。

②本定额人工工日消耗量包括基本用工、辅助用工、其他用工和机械操作用工（简称机上人工），每工日按 8 小时工作制计算。每工日人工单价包括计时工资或计价工资、奖金、津贴补贴、加班加点工资、特殊情况下支付的工资等。综合计算人工单价基价如下：

普工人工单价基价为 90 元/工日，一般技工（包括机上人工）人工单价基价为 120 元/工日，高级技工人工单价基价为 150 元/工日。

2）材料费

材料费是指施工过程中耗费的原材料、辅助材料、构配件、零件、半成品或成品、工程设备的费用。内容包括：

①材料原价：是指材料、工程设备的出厂价格或商家供应价格。

②运杂费：是指材料、工程设备自来源地运至工地仓库或指定堆放地点所发生的全部费用。

③运输损耗费：是指材料在运输装卸过程中不可避免的损耗。

④采购及保管费：是指为组织采购、供应和保管材料、工程设备的过程中所需要的各项费用，包括采购费、仓储费、工地保管费、仓储损耗。

工程设备是指构成或计划构成永久工程一部分的机电设备、金属结构设备、仪器装置及其他类似的设备和装置。

3）施工机具使用费

施工机具使用费是指施工作业所发生的施工机械、仪器仪表使用费。

①施工机械使用费：以施工机械台班耗用量乘以施工机械台班单价表示，施工机械台班单价应由下列七项费用组成。

a. 折旧费：指施工机械在规定的耐用总台班内，陆续收回其原值的费用。

b. 检修费：指施工机械在规定的耐用总台班内，按规定的检修间隔进行必要的检修，以恢复其正常功能所需的费用。

c. 维护费：指施工机械在规定的耐用总台班内，按规定的维护间隔进行各级维护和临时故障排除所需的费用、保障机械正常所需替换设备与随机配备工具附具的摊销费用、机械运转及日常保养所需润滑与擦拭的材料费用以及机械停滞期间的维护保养费用等。

d. 安拆费及场外运费：安拆费是指施工机械在现场进行安装与拆卸所需的人工、材料、机械和试运转费用以及机械辅助设施的折旧、搭设、拆除等费用；场外运费是指施工机械整体或分体自停放地点运至施工现场或由一施工地点运至另一施工地点所发生的运距 < 25km 的运输、装卸、辅助材料等费用。

e. 人工费：指机上司机（司炉）及其他操作人员的人工费。

f. 燃料动力费：指施工机械在运转作业中所消耗的燃料及水、电等费用。

g. 其他费用：指施工机械按照国家规定应缴纳的车船税、保险费及检测费等。车船税是指施工机械按照四川省有关规定应缴纳的车船使用税；保险费是指施工机械按照国家规定强制性缴纳的费用，不包含非强制性保险。

②仪器仪表使用费：是指工程施工所需使用的仪器仪表的摊销及维修费用。

4）企业管理费

是指建筑安装企业组织施工生产和经营管理所需的费用。内容包括：

①管理人员工资：是指按规定支付给管理人员的计时工资、奖金、津贴补贴、加班加点工资及特殊情况下支付的工资等。

②办公费：是指企业管理办公用的文具、纸张、账表、印刷、邮电、书报、办公软件、现场监控、会议、水电、烧水和集体取暖降温（包括现场临时宿舍取暖降温）等费用。

③差旅交通费：是指职工因公出差、调动工作的差旅费、住勤补助费，市内交通费和误餐补助费，职工探亲路费，劳动力招募费，职工退休、退职一次性路费，工伤人员就医路费，工地转移费以及管理部门使用的交通工具的油料、燃料等费用。

④固定资产使用费：是指管理和试验部门及附属生产单位使用的属于固定资产的房屋、设备、仪器等的折旧、大修、维修或租赁费。

⑤工具用具使用费：是指企业施工生产和管理使用的不属于固定资产的工具、器具、家具、交通工具和检验、试验、测绘、消防用具等的购置、维修和摊销等。另，凡单位价值 2000 元以内、使用年限在一年以内、不构成固定资产的施工机械，不列入机械费中，而作为工具用具在企业管理费中考虑，但其消耗的燃料动力等已列入本定额材料费中。

⑥劳动保险和职工福利费：是指由企业支付的职工退职金、按规定支付给离休干部的经费、集体福利费、夏季防暑降温、冬季取暖补贴、上下班交通补贴等。

⑦劳动保护费：是企业按规定发放的劳动保护用品的支出，如工作服、手套、防暑降温饮料以及在有碍身体健康的环境中施工的保健费用等。

⑧检验试验费：是指施工企业按照有关标准规定，对建筑以及材料、构件和建筑安装物进行一般鉴定、检查所发生的费用，包括自设试验室进行试验所耗用的材料等费用。不包括新结构、新材料的试验费，对构件做破坏性试验及其他特殊要求检验试验的费用和建设单位委托检测机构进行检测的费用，由此类检测发生的费用，由建设单位在工程建设其他费用中列支。当对施工企业提供的具有合格证明的材料进行检测，结果不合格时，该检测费用由施工企业支付。

⑨工会经费：是指企业按《中华人民共和国工会法》规定的按全部职工工资总额比例计提的工会经费。

⑩职工教育经费：是指按职工工资总额的规定比例计提，企业为职工进行专业技术和职业技能培训，专业技术人员继续教育、职工职业技能鉴定、职业资格认定以及根据需要对职工进行各类文化教育所发生的费用。

⑪财产保险费：是指施工管理用财产、车辆等的保险费用。

⑫财务费：是指企业为施工生产筹集资金或提供预付款担保、履约担保、职工工资支付担保等所发生的各种费用。

⑬税金：是指企业按规定缴纳的房产税、车船使用税、土地使用税、印花税等。

⑭其他：包括技术转让费、技术开发费、投标费、业务招待费、绿化费、广告费、公证费、法律顾问费、审计费、咨询费、保险费等。

5）利润

利润是指施工企业完成所承包工程获得的盈利。

6）综合基价调整

综合基价的各项内容按以下规定进行调整：

①人工费调整

本定额取定的人工费作为定额综合基价的基价，各地可根据本地劳动力单价及实物工程量劳务单价的实际情况，由当地工程造价管理部门测算，并附文报四川省建设工程造价总站批准后，方可调整人工费。编制设计概算、施工图预算、最高投标限价（招标控制价、标底）时，人工费按工程造价管理部门发布的人工费调整文件进行调整；编制投标报价时，投标人参照市场价格自主确定人工费调整，但不得低于工程造价管理部门发布的人工费调整标准；编制和办理竣工结算时，依据工程造价管理部门的规定及施工合同约定调整人工费。调整的人工费进入综合单价，但不作为计取其他费用的基础。

②材料费调整

本定额取定的材料价格作为定额综合基价的基价，调整的材料费进入综合单价。在编制设计概算、施工图预算、最高投标限价（招标控制价、标底）时，依据工程造价管理部门发布的工程造价信息确定材料价格并调整材料费，工程造价信息没有发布的材料，参照市场价确定材料价格并调整材料费；编制投标报价时，投标人参照市场价格信息或工程造价管理部门发布的工程造价信息自主确定材料价格并调整材料费；编制和办理竣工结算时，依据合同约定确认的材料价格调整材料费。

安装工程和市政工程中的给水、燃气、给排水机械设备安装、生活垃圾处理工程、路灯工程以及城市轨道交通工程的通信、信号、供电、智能与控制系统、机电设备、车辆基地工艺设备和园林绿化工程中绿地喷灌、喷泉安装等安装工程及其他专业的计价材料费，由四川省建设工程造价总站根据市场变化情况统一调整。

③机械费调整

本定额的施工机械及仪器仪表使用费以机械费表示，作为定额综合基价的基价。定额注明了机械油料消耗量的项目，油价变化时，机械费中的燃料动力费按照上述"材料费调整"的规定进行调整，并调整相应定额项目的机械费；机械费中除燃料动力费以外的费用调整，由四川省建设工程造价总站根据住房和城乡建设部的规定以及四川省实际情况进行统一调整。调整的机械费进入综合单价，但不作为计取其他费用的基础。

④企业管理费、利润调整

本定额的企业管理费、利润由四川省建设工程造价总站根据实际情况进行统一调整。

（4）措施项目费

措施项目费是指为完成工程项目施工，发生于该工程施工前和施工过程中的技术、生活、安全、环境保护、扬尘污染防治、建筑工人实名制管理等方面的费用。

1）安全文明施工

除各专业工程措施项目外，安全文明施工费具体内容详见《四川省建设工程工程量清单计价定额——构筑物工程、爆破工程、建筑安装工程费用、附录》（2020）。安全文明施工内容包括：

①环境保护费：是指施工现场为达到环保部门要求所需要的各项费用。

②文明施工费：是指施工现场文明施工所需要的各项费用。

③安全施工费：是指施工现场安全施工所需要的各项费用。

④临时设施费：是指施工企业为进行建设工程施工所必须搭设的生活和生产用的临时建筑物、构筑物和其他临时设施费用，包括临时设施的搭设、维修、拆除、清理费或摊销费等。

2）其他措施项目

①夜间施工增加费：是指因夜间施工所发生的夜班补助费、夜间施工降效、夜间施工照明设备摊销及照明用电等费用。

②二次搬运费：是指因施工场地条件限制而发生的材料、构配件、半成品等一次运输不能到达堆放地点，必须进行二次或多次搬运所发生的费用。

③冬雨季施工增加费：是指在冬期或雨期施工需增加的临时设施、防滑、排除雨雪，人工及施工机械效率降低等费用。

④已完工程及设备保护费：是指竣工验收前，对已完工程及设备采取的必要保护措施所发生的费用。

⑤工程定位复测费：是指工程施工过程中进行全部施工测量放线和复测工作的费用。

3）有关说明

①具体措施项目的工作内容、包含范围及划分界限详见各类专业工程的现行国家标准和《房屋建筑与装饰工程工程量计算规范》（GB 50854）等工程量计算规范（以下简称"国家规范"）。

②本定额未列的措施项目，可根据工程实际情况补充。

③措施项目费计算：措施项目费应执行现行"国家规范"及《住房城乡建设部 财政部关于印发〈建筑安装工程费用项目组成〉的通知》（建标〔2013〕44 号）的规定。"国家规范"规定应予计量的措施项目（即单价措施项目）按本定额各专业工程"措施项目"章相应项目计算，"国家规范"规定不宜计量的措施项目（即总价措施项目）按《四川省建设工程工程量清单计价定额——构筑物工程、爆破工程、建筑安装工程费用、附录》（2020）有关规定计算。

措施项目费中的安全文明施工费应按规定标准计价，不得作为竞争性费用。

（5）其他项目费

其他项目费指除分部分项工程量清单项目、措施项目费以外的项目费用。

1）其他项目费

①暂列金额：是指建设单位在工程量清单中暂定并包括在工程合同价款中的一笔款项，用于施工合同签订时尚未确定或者不可预见的所需材料、工程设备、服务的采购，施工中可能发生的工程变更、合同约定调整因素出现时的工程价款调整以及发生的索赔、现场签证确认等费用。

②暂估价：包括材料和工程设备暂估单价、专业工程暂估价。

③计日工：是指在施工过程中，承包人完成发包人提出的工程合同范围以外的零星项目或工作所需的费用。

④总承包服务费：是指总承包人为配合、协调发包人进行的专业工程发包，对发包人自行采购的材料、工程设备等进行保管以及施工现场管理、竣工资料汇总整理等服务所需的费用。

出现上面未列的其他项目，编制人可做补充。

2）其他项目费计算

其他项目费应按现行"国家规范"及《住房城乡建设部 财政部关于印发 〈建筑安装工程费用项目组成〉 的通知》（建标〔2013〕44 号）的规定，依据《四川省建设工程工程量清单计价定额——构筑物工程、爆破工程、建筑安装工程费用、附录》（2020）有关规定计算。

（6）规费

根据国家法律、法规，由省级政府或省级有关部门规定，施工企业必须缴纳的，应计入建筑安装工程造价的费用。

1）本定额的规费（包括社会保险费及住房公积金）内容如下：

①社会保险费：

a. 养老保险费：是指企业按照规定标准为职工缴纳的基本养老保险费。

b. 失业保险费：是指企业按照规定标准为职工缴纳的失业保险费。

c. 医疗保险费：是指企业按照规定标准为职工缴纳的基本医疗保险费。

d. 生育保险费：是指企业按照规定标准为职工缴纳的生育保险费。

e. 工伤保险费：是指企业按照规定标准为职工缴纳的工伤保险费。

②住房公积金：是指企业按规定标准为职工缴纳的住房公积金。

2）规费的计算：详见《四川省建设工程工程量清单计价定额——构筑物工程、爆破工程、建筑安装工程费用、附录》（2020）有关规定计算。

①使用国有资金投资的建设工程，编制设计概算、施工图预算、招标控制价（最高投标限价、标底）时，规费按"规费费率计取表"中Ⅰ档费率计算。

②投标人投标报价按招标人在招标文件中公布的招标控制价（最高投标限价）的规费金额填写，计入工程造价。

③发、承包双方签订承包合同和办理工程竣工结算时，按有关规费费率计取表（表3-1）计算。

规费费率计取表 表 3-1

序号	取费类别	企业资质	计取基础	规费费率
1	Ⅰ档	房屋建筑工程施工总承包特级；市政公用工程施工总承包特级	分部分项工程及单价措施项目（定额人工费）	9.34%
2	Ⅱ档	房屋建筑工程施工总承包一级；市政公用工程施工总承包一级		8.36%
3	Ⅲ档	房屋建筑工程施工总承包二、三级；市政公用工程施工总承包二、三级		6.58%
4	Ⅳ档	施工专业承包；劳务分包资质		4.80%

注：无资质企业，规费费率按下限计取；同一承包人有多种资质，规费费率按最高资质对应的费率计取。

规费按《建设工程工程量清单计价规范》（GB 50500—2013）规定，不得作为竞争性费用。

（7）税金

税金应按规定标准计算，不得作为竞争性费用，税金包括增值税和附加税。

1）增值税一般计税法

①销项税额＝税前不含税工程造价×销项增值税率9%

②附加税按以下规定计算：

a. 编制招标控制价（最高投标限价、标底）和投标报价时，按表3-2综合附加税税率表计算。

综合附加税税率表 表 3-2

项目名称	计算基础	综合附加税税率
附加税（城市维护建设税、教育费附加、地方教育附加）	税前不含税工程造价	1. 工程在市区时为 0.313% 2. 工程在县城、镇时为 0.261% 3. 工程不在市区、县城、镇时为 0.157%

b. 编制竣工结算时，按合同约定的方式计算。方式一：国家规定附加税计取标准计算，如表 3-3 所示。方式二：甲、乙双方约定综合附加税税率计算。

国家规定附加税计取标准　　　　　　　　表 3-3

项目名称	计算基础	综合附加税税率
附加税（城市维护建设税、教育费附加、地方教育附加）	增值税（销项税额-进项税额）	1. 工程在市区时为 12% 2. 工程在县城、镇时为 10% 3. 工程不在市区、县城、镇时为 6%

2）增值税简易计税法

① 以"元"为单位的费用调整，如表 3-4 所示。

增值税简易计税法费用调整　　　　　　　　表 3-4

调整项目	机械费（其他机械费）	管理费	其他材料费、安装定额计价材料费、轨道、市政定额等部分计价材料费	摊销材料费	调整方法
调整系数	1.1082	1.0091	1.11	1.1296	以定额项目综合基价中的相应费用乘以对应调整系数

② 以"费率（%）"表现的费用标准详见定额《四川省建设工程工程量清单计价定额——构筑物工程、爆破工程、建筑安装工程费用、附录》。

③ 材料预算含税价格（含税信息价）。

a. 材料预算价格应是含税价格，本定额材料基价为不含税价格。

b. 材料含税价格计算公式：

材料单价＝{（材料原价＋运杂费）×［1+运输损耗率（%）］}×［1+采购保管费率（%）］。

材料价格包括材料原价、运杂费、运输损耗、采购保管费等。其中，材料原价按本定额"材料分类及适用税率表"（表 3-5）进行计算，运杂费均按交通运输业增值税税率 9% 进行计算。

材料分类及适用税率表　　　　　　　　表 3-5

材料名称	依据文件	税率（征收率）
建筑用和生产建筑材料所用的砂、土、石料、商品混凝土（仅限于以水泥为原料生产的水泥混凝土）；以自己采掘的砂、土、石料或其他矿物连续生产的砖、瓦、石灰（不含黏土实心砖、瓦）、自来水	财政部、税务总局《关于部分货物适用增值税低税率和简易办法征收增值税政策的通知》（财税〔2009〕9 号）；财政部、税务总局《关于简并增值税征收率政策的通知》（财税〔2014〕57 号）	3%
苗木、草皮、农膜、暖气、冷气、煤气、石油液化气、天然气、沼气、居民用煤炭制品、农药、化肥、二甲醚	财政部、税务总局、海关总署《关于深化增值税改革有关政策的公告》（财政部 税务总局 海关总署公告 2019 年第 39 号）	9%
其余材料	财政部、税务总局《关于部分化物适用增值税低税率和简易办法征收增值税政策的通知》（财税〔2009〕9 号）；财政部、税务总局、海关总署《关于深化增值税改革有关政策的公告》（财政部 税务总局 海关总署公告 2019 年第 39 号）	13%

注：财税部门规定与本表不一致时，按财税部门的规定执行。

④简易计税方法下增值税及附加税费费率见表3-6。

简易计税方法下增值税及附加税费费率表 表3-6

项目名称	计算基数	增值税及附加税费费率（%）		
		工程在市区	工程在县城、镇	工程不在市区、县城、镇
增值税及附加税费	税前工程造价	3.37	3.31	3.19

注：表中的税前工程造价不包括按规定不计税的工程设备金额及甲供材料（设备）费。

（8）一次性补充定额

本定额在执行中如遇缺项，可由甲、乙双方根据定额编制规定自愿编制一次性补充定额，报工程所在地市、州工程造价管理部门审核后，方可作为本工程一次性使用的计价依据，并报四川省建设工程造价总站存档备查。各地市、州工程造价管理部门可根据一次性补充定额的专业情况及难易程度，组织专家论证，相关费用由定额使用双方协商解决。

（9）工作内容

本定额的"工作内容"指主要施工工序，除另有规定和说明者外，其他工序虽未详列，但定额均已考虑。

（10）材料用量

本定额中仅列出主要材料的用量，次要和零星材料均包括在其他材料费内，以"元"表示，编制设计概算、施工图预算、最高投标限价（招标控制价、标底）时不得调整。

（11）本定额以成品编制项目，其成品的制作、运输不再单列，成品单价包括制作及运杂费等。

（12）本定额若遇各专业工程本专业定额未编制的项目，应按各专业"册说明"及规定执行其他专业工程定额相关项目，除单独发包专业工程及有关规定外，仍执行本专业工程"工程类型"取费标准。

（13）本定额中若遇有两个或两个以上系数时，按连乘法计算。

（14）本定额说明中未注明（或省略）尺寸单位的直径、宽度、厚度、断面等，均以毫米（mm）为单位。

（15）本定额中内容系从四川省建设工程造价总站材料数据库中提取，以住房和城乡建设部颁发的标准为依据，有的属行业标准，故不作修改。

（16）海拔降效调整

本定额适用于海拔高度≤2km的地区，工程建设所在地点（房屋建筑及构筑物以±0.000标高的海拔高度；市政及城市道路、排水管网非开挖修复工程、园林绿化工程、总平工程、城市地下综合管廊工程、城市轨道交通工程等以±0.000标高按平均海拔高度）的海拔高度＞2km时，定额综合基价人工费、机械费调整系数按以下海拔降效系数计算。

1）人工费海拔降效系数表见表3-7。

人工费海拔降效系数 表 3-7

海拔高度 （h） km	2.0	2<h≤2.5	2.5<h≤3	3<h≤3.5	3.5<h≤4	4<h≤4.5	4.5<h≤5
调整系数	1	1.089	1.155	1.231	1.328	1.450	1.588

2）机械费海拔降效系数表见表 3-8。

机械费海拔降效系数 表 3-8

海拔高度 （h） km	2.0	2<h≤2.5	2.5<h≤3	3<h≤3.5	3.5<h≤4	4<h≤4.5	4.5<h≤5
调整系数	1	1.047	1.101	1.147	1.219	1.351	1.548

（17）既有小区改造的安装工程（包括房屋建筑工程及总平工程）项目，按《四川省建设工程工程量清单计价定额》相关项目及有关规定执行。其中，房建改造安装工程人工费、机械费按 1.20 系数调整，房建改造安装工程取费标准按既有小区改造房屋建筑维修与加固工程专业执行；总平改造的安装工程按《四川省建设工程工程量清单计价定额》总说明规定系数调整，总平改造的安装工程取费标准均按总平工程类型执行。

2. 册说明

（1）工程量计算规则

本规则的计算尺寸，以设计图纸表示的或设计图纸能读出的尺寸为准。除另有规定外，工程量的计量单位应按下列规定计算：

1）以体积计算的为立方米（m³）。

2）以面积计算的为平方米（m²）。

3）以长度计算的为米（m）。

4）以重量计算的为吨（t）。

5）以台（套或件等）计算的为台（套或件等）。

汇总工程量时，其准确度取值：以 m³、 m²、 m 为单位的取小数点后两位；以 t 为单位的取三位；以台（套或件等）为单位的取整数，两位或三位小数后的位数按四舍五入法取舍。

（2）目录

目录为查找、检索安装工程子目定额提供方便。

（3）分册说明

分册说明说明本分册定额的适用范围、包括的工作内容、不包括的工作内容、费用系数的计取等。

（4）章说明

章说明说明本章定额的内容、包括的工作内容、不包括的工作内容、定额的换算和调整系数等。

（5）章工程量计算规则

规定了本章定额项目的工程量计算规则和相关要求。

（6）定额项目表

定额项目表由项目名称、工程内容、计量单位、项目表和附注组成。其中，项目表包括定额编号、项目划分、综合基价构成，是预算定额的主要组成部分。它以表格的形式列出各分项工程项目的名称、计量单位、工作内容、定额编号、单位工程量的定额综合基价及其中的人工费、材料费、机械费、管理费和利润。

定额编号的第一位大写字母表示定额是通用安装工程定额，第二位大写字母表示《四川省建设工程工程量清单计价定额——通用安装工程》的册号，后面的 4 位阿拉伯数字代表定额的编号。例如，CD0106 的"C"表示通用安装工程定额，"D"表示《四川省建设工程工程量清单计价定额——通用安装工程》的 D 册《电气设备安装工程》，"0106"表示《电气设备安装工程》中的第 106 个子目，即落地式成套配电箱安装子目。

表 3-9 反映了完成一定计量单位的分项工程所消耗的人工费、材料费、机械费、管理费和利润及其综合基价的标准数值。表头是该分项工程的工作内容，表从左至右分别列出定额编号、项目名称、计量单位、综合基价及综合基价的组成，即人工费、材料费、机械费、管理费和利润，最右边列出该分项工程的未计价材料，分别列出其名称、单位及定额测定的数量。由此可见，分项工程项目表由"量"和"价"两部分组成，既有实物消耗量标准，也有资金消耗量标准。

铜芯电力电缆敷设 表 3-9

工作内容：开盘、检查、架线盘、敷设、锯断、排列、整理、固定、配合试验、收盘、临时封头、挂牌、电缆敷设设施安装及拆除、绝缘电阻测试等。

定额编号	项目名称	单位	综合基价/元	其中（单位：元）					未计价材料		
				人工费	材料费	机械费	管理费	利润	名称	单位	数量
CD0732	电缆截面 ≤10mm²	10m	55.88	28.92	13.06	5.95	2.44	5.51	电力电缆	m	10.100
CD0733	电缆截面 ≤16mm²	10m	66.06	36.96	13.37	5.95	3.00	6.78	电力电缆	m	10.100
CD0734	电缆截面 ≤35mm²	10m	85.12	50.19	16.18	5.95	3.93	8.87	电力电缆	m	10.100
CD0735	电缆截面 ≤50mm²	10m	101.26	63.09	16.48	5.95	4.83	10.91	电力电缆	m	10.100
CD0736	电缆截面 ≤70mm²	10m	118.82	77.13	16.79	5.95	5.82	13.13	电力电缆	m	10.100

各定额项目的工作内容是综合规定的，除主要操作内容外，还应包括施工前的准备工

作、设备和材料的领取、定额范围内的搬动（场内材料搬运水平距离为 300m，设备搬运水平距离为 100m）、质量检查、施工结尾清理、配合竣工验收等全部工作内容。执行中除规定的增加费用内容外，一律不准增加计费内容和项目。

（7）需说明的问题

需说明的内容包括《四川省建设工程工程量清单计价定额》（2020）分册内容、各分册管道定额的执行界限、各项收费规定等。

1）安装与生产同时进行的增加费用按定额人工费的 10% 计取，全部为因降效而增加的人工费。

2）在有害身体健康的环境中施工增加的费用按定额人工费的 10% 计取，全部为因降效而增加的人工费。

3）安装工程拆除（除各册有规定外）按相应安装子目（人工 + 机械 + 管理费 + 利润）的 50% 计算。

4）计价定额不包括配合负荷和无负荷联合试车费。若发生时，按批准的施工组织设计方案另计，且应在合同中明确。

5）执行计价定额，按"以主代次"的原则，统一规定综合按主体分册系数计算。

6）关于水平和垂直运输。

①设备：包括自安装现场指定堆放地点运至安装地点的水平和垂直运输。

②材料、成品、半成品：包括自施工单位现场仓库或现场指定堆放地点运至安装地点的水平和垂直运输。

③垂直运输基准面：室内以室内地平面为基准面，室外以设计标高正负零平面为基准面。

（8）附录

附录一般编在预算定额的最后面，包括主要材料损耗表、管道管件数量取定表、管道支架用量参考表、装饰灯具安装工程示意图等。其主要供编制预算时计算主材的损耗率、计算某些子项定额工程量及确定灯具安装子目时参考。

3.3　电气工程工程量清单计价方法

3.3.1　单位工程造价计算方法

单位工程造价 = 分部分项工程费 + 措施项目费 + 其他项目费 + 规费 + 税金

3.3.2 分部分项工程量清单计价方法 ●

分部分项工程费

分部分项工程费 = ∑（分部分项清单工程量 × 综合单价）

分部分项工程费是指完成招标文件所提供的分部分项工程量清单项目的所需费用。分部分项工程量清单计价应采用综合单价计价。

1. 综合单价定义

综合单价是指完成一个规定清单项目所需的人工费、材料费、机械费和企业管理费、利润以及一定范围内的风险费用。

2. 综合单价的组成

综合单价 = 规定计量单位项目人工费 + 规定计量单位项目材料费 + 规定计量单位项目机械费 + 取费基数 ×（企业管理费率 + 利润率）+ 风险费用

式中：规定计量单位项目人工费 = ∑（人工消耗量 × 单价）

规定计量单位项目材料费 = ∑（材料消耗量 × 单价）

规定计量单位项目施工机具使用费 = ∑（机械台班消耗量 × 单价）

安装工程中，"取费基数"为规定计量单位项目的人工费和机械费之和。

3. 综合单价计算步骤

（1）根据工程量清单项目名称和拟建工程的具体情况，按照投标人的企业定额或参照行业及建设管理部门发布的计价定额，分析确定该清单项目的各项可组合的主要工程内容，并据此选择对应的定额子目。

（2）计算一个规定计量单位清单项目所对应定额子目的工程量。

（3）根据投标人的企业定额或参照本省"计价依据"，并结合工程实际情况，确定各对应定额子目的人工、材料、施工机械台班消耗量。

（4）依据投标人自行采集的市场价格或参照省、市工程造价管理机构发布的价格信息，结合工程实际，分析确定人工、材料、施工机械台班价格。

（5）根据投标人的企业定额或参照本省"计价依据"，并结合工程实际、市场竞争情况，分析确定企业管理费率、利润率。

（6）风险费用指隐含于已标价工程量清单综合单价中，用于化解发承包双方在工程合同中约定内容和范围内的市场价格波动风险的费用。

3.3.3 措施项目工程量清单计价方法 ●

措施项目的内容应根据招标人提供的措施项目清单和投标人投标时拟定的施工组织设

计或施工方案确定。措施项目费的计价方式应根据招标文件的规定，可以计算工程量的措施项目清单采用综合单价方式计价，其余的措施清单项目采用以"项"为单位的方式计价，包括除规费、税金外的全部费用。

措施项目费是指为完成安装工程施工，按照安全操作规程、文明施工规定的要求，发生于该工程施工前和施工过程中，用于技术、生活、安全、环境保护等方面的各项费用，由施工技术措施项目费和施工组织措施项目费构成，包括人工费、材料费、机械费、企业管理费和利润。

1. 施工技术措施项目费

（1）通用施工技术措施项目费

1）大型机械设备进出场及安拆费：是指机械整体或分体自停放场地运至施工现场或由一个施工地点运至另一个施工地点，所发生的机械进出场运输、转移（含运输、装卸、辅助材料、架线等）费用及机械在施工现场进行安装、拆卸所需的人工费、材料费、机械费、试运转费和安装所需的辅助设施的费用。

2）脚手架工程费：是指施工需要的各种脚手架搭、拆、运输费用以及脚手架购置费的摊销费用。

（2）专业工程施工技术措施项目费：是指根据现行国家各专业工程工程量清单计算规范（以下简称计量规范）或四川省各专业工程计价定额（以下简称专业定额）及有关规定，列入各专业工程措施项目的属于施工技术措施的费用。

（3）其他施工技术措施项目费：是指根据各专业工程特点补充的施工技术措施项目的费用。

施工技术措施项目按实施要求划分，可分为施工技术常规措施项目和施工技术专项措施项目。其中，施工技术专项措施项目是指根据设计或建设主管部门的规定，由承包人提出专项方案并经论证、批准后方能实施的施工技术措施项目，如深基坑支护、高支模承重架、大型施工机械设备等。

2. 施工组织措施项目费

（1）安全文明施工费：是指按照国家现行的建筑施工安全、施工现场环境与卫生标准和大气污染防治及城市建筑工地、道路扬尘管理要求等有关规定，购置和更新施工安全防护用具及设施、改善安全生产条件和作业环境、防治并治理施工现场扬尘污染所需要的费用。

安全文明施工费包括：

1）环境保护费：是指施工现场为达到环保部门要求所需要的包括施工现场扬尘污染防治、治理在内的各项费用。

2）文明施工费：是指施工现场文明施工所需的各项费用，一般包括施工现场的标牌设置，施工现场地面硬化，现场周边设立围护设施，现场安全保卫及保持场貌、场容整洁等发生的费用。

3）安全施工费：是指施工现场安全施工所需要的各项费用，一般包括安全防护用具和服装，施工现场的安全警示、消防设施和灭火器材，安全教育培训，安全检查及编制安全措施方案等发生的费用。

4）临时设施费：是指施工企业为进行建筑工程施工所必须搭设的生活和生产用的临时建筑物、构筑物和其他临时设施等发生的费用。临时设施包括临时宿舍、文化福利及公用事业房屋与构筑物、仓库、办公室、加工厂（场）以及在规定范围内的道路、水、电、管线等临时设施和小型临时设施。临时设施费用包括临时设施的搭设、维修、拆除费或摊销费。

安全文明施工费以实施标准划分，可分为安全文明施工基本费和创建安全文明施工标准化工地增加费（以下简称标化工地增加费）。

（2）夜间施工增加费：是指因夜间施工所发生的夜班补助费、夜间施工降效、夜间施工照明设备摊销及照明用电等费用。

（3）二次搬运费：是指因施工场地条件限制而发生的材料、构管件、半成品等一次运输不能到达堆放地点，必须进行二次或多次搬运所发生的费用。

（4）冬雨季施工增加费：是指在冬期或雨期施工需增加的临时设施、防滑、排除雨雪，人工及施工机械效率降低等费用。

（5）已完工程及设备保护费：是指竣工验收前，对已完工程及设备采取的必要保护措施所发生的费用。

（6）工程定位复测费：是指工程施工过程中进行全部施工测量放线和复测工作的费用。

（7）其他施工组织措施费：是指根据各专业工程特点补充的施工组织措施项目的费用。

3.3.4 其他项目计算方法

其他项目费的构成内容应视工程实际情况按照不同阶段的计价需要进行列项。其中，编制招标控制价和投标报价时，由暂列金额、暂估价、计日工、施工总承包服务费构成；编制竣工结算时，由专业工程结算价、计日工、施工总承包服务费、索赔与现场签证费以及优质工程增加费构成。

1. 暂列金额

暂列金额是指招标人在工程量清单中暂定并包括在工程合同价款中的一笔款项，用于施工合同签订时尚未确定或者不可预见的所需材料、工程设备、服务的采购，施工中可能发生的工程变更、合同约定调整因素出现时的工程价款调整，以及发生的索赔、现场签证确认等的费用和标化工地、优质工程等费用的追加，包括标化工地暂列金额、优质工程暂列金额和其他暂列金额。

2. 暂估价

暂估价是指招标人在工程量清单中提供的用于支付必然发生但暂时不能确定价格的材料、工程设备的单价以及专项施工技术措施项目、专业工程等的金额。

（1）材料及工程设备暂估价：是指发包阶段已经确认发生的材料、工程设备，由于设计标准未明确等原因造成无法当时确定准确价格，或者设计标准虽已明确，但一时无法取得合理询价，由招标人在工程量清单中给定的若干暂估单价。

（2）专业工程暂估价：是指发包阶段已经确认发生的专业工程，由于设计未详尽、标准未明确或者需要由专业承包人完成等原因造成无法当时确定准确价格，由招标人在工程量清单中给定的一个暂估总价。

（3）施工技术专项措施项目暂估价（以下简称专项措施暂估价）：是指发包阶段已经确认发生的施工技术措施项目，由于需要在签约后由承包人提出专项方案并经论证、批准方能实施等原因造成无法当时准确计价，由招标人在工程量清单中给定的一个暂估总价。

3. 计日工

计日工是指在施工过程中，承包人完成发包人提出的工程合同范围以外的零星项目或工作所需的费用。

4. 施工总承包服务费

施工总承包服务费是指施工总承包人为配合、协调发包人进行的专业工程发包，对发包人自行采购的材料、工程设备等进行保管以及施工现场管理、竣工资料汇总整理等服务所需的费用，包括发包人发包专业工程管理费（以下简称专业发包工程管理费）和发包人提供材料及工程设备保管费（以下简称甲供材料设备保管费）。

5. 专业工程结算价

专业工程结算价是指发包阶段招标人在工程量清单中以暂估价给定的专业工程，竣工结算时发承包双方按照合同约定计算并确定的最终金额。

6. 索赔与现场签证费

（1）索赔费用：是指在工程合同履行过程中，合同当事人一方因非己方的原因而遭受损失，按合同约定或法律法规规定应由对方承担责任，从而向对方提出补偿的要求，经双方共同确认需补偿的各项费用。

（2）现场签证费用（以下简称签证费用）：是指发包人现场代表（或其授权的监理人、工程造价咨询人）与承包人现场代表就施工过程中涉及的责任事件所作的签认证明中的各项费用。

7. 优质工程增加费

优质工程增加费是指建筑施工企业在生产合格建筑产品的基础上，为生产优质工程而增加的费用。

注：其他项目费的计算应视工程实际情况按照不同阶段的计价需要进行列项计算。

编制招标控制价和投标报价：

其他项目费 = 暂列金额 + 暂估价 + 计日工 + 施工总承包服务费

编制竣工结算：

其他项目费 = 专业工程结算价 + 计日工 + 施工总承包服务费 +

索赔与现场签证费 + 优质工程增加费

3.3.5 规费计价方法

内容同 3.2.6, 1. 总说明（6）规费。

3.3.6 税金

内容同 3.2.6, 1. 总说明（7）税金。

第4章 电气工程工程量清单计量与计价

4.1 电气工程简介

4.1.1 建筑照明系统组成

一栋单体建筑的照明配电系统由以下环节组成：进户线→总配电箱→干线→分配电箱→支线→照明器具。

单体建筑的照明配电系统的进户方式通常有两种，分别为架空线进户及电缆进户。

架空线进户施工程序：进户横担安装→横担上绝缘子、螺栓、防水弯头安装→进户套管制作与安装→进户线架设。

进户电缆敷设方式：直埋于地、电缆穿管、电缆沟、桥架、支架等。

由于架空线进户会影响建筑物的立面美观，也存在不安全因素，所以应尽量采用电缆埋地进户的方式。

一栋单体建筑一般是一处进户，当建筑物长度超过 60m 或用电设备特别分散时，可考虑两处或两处以上进户。

4.1.2 照明线路及设备在平面图上的表示方法

1. 常用线路敷设方式代号如下。

TC：用电线管敷设   SC：用焊接钢管敷设

SR：用金属线槽敷设   CT：用桥架敷设

PC：用硬塑料管敷设   PFC：用半硬塑料管敷设

2. 线路敷设部位代号如下。

WE：沿墙明敷   WC：沿墙暗敷

CE：沿顶棚明敷   CC：沿顶棚暗敷

BE：沿屋架明敷   BC：沿梁暗敷

CLE：沿柱明敷   CLC：沿柱暗敷

FC：沿地板暗敷   SCC：在吊顶内敷设

3. 线路文字标注格式如下。

$$a\!-\!b\ (c\times d)\ e\!-\!f$$

式中　a——线路编号或线路用途符号；

　　　b——导线型号；

　　　c——导线根数；

　　　d——导线截面面积，不同截面面积分别标注；

　　　e——线路敷设方式代号及导线穿管管径；

　　　f——线路敷设部位代号。

4. 动力、照明设备在平面图上的表示方法如下。

（1）用电设备标注格式如下。

$$\frac{a}{b}\ 或\ \frac{a}{b}\Big|\frac{c}{d}$$

式中　a——设备编号；

　　　b——额定功率（kW）；

　　　c——线路首端熔断片或自动开关脱扣器电流（A）；

　　　d——安装标高（m）。

（2）电力和照明配电箱标注格式如下。

$$a\,\frac{b-c}{d\,(e\times f)\,-g}$$

式中　a——设备编号；

　　　b——设备型号；

　　　c——设备功率（kW）；

　　　d——导线型号；

　　　e——导线根数；

　　　f——导线截面面积（mm²）；

　　　g——导线敷设方式及部位。

（3）灯具的标注方法如下。

$$a\!-\!b\,\frac{c\times d\times L}{e}f$$

式中　a——灯具数量；

　　　b——灯具型号或编号；

　　　c——每盏照明灯具的灯泡（管）数量；

　　　d——灯泡（管）容量（W）；

　　　e——灯泡（管）安装高度（m）；

　　　f——灯具安装方式；

　　　L——光源种类。

4.2　电气工程规范相关说明

1. 与房屋建筑与装饰工程的界限

挖土、填土工程，应按现行国家标准《房屋建筑与装饰工程工程量计算规范》（GB 50854—2013）相关项目编码列项。

2. 与市政工程的界限

厂区、住宅小区的道路路灯安装工程、庭院艺术喷泉等电气设备安装工程按《电气设备安装工程》相应项目执行；涉及市政道路、市政庭院等电气安装工程的项目，按《市政工程工程量计算规范》（GB 50857—2013）中"路灯工程"的相应项目执行。

开挖路面，应按现行国家标准《市政工程工程量计算规范》（GB 50857—2013）相关项目编码列项。

涉及管沟、坑及井类的土方开挖、垫层、基础、砌筑、抹灰、地沟盖板预制安装、回填、运输、路面开挖及修复、管道支墩的项目，按现行国家标准《房屋建筑与装饰工程工程量计算规范》（GB 50854—2013）和《市政工程工程量计算规范》（GB 50857—2013）的相应项目执行。

3. 与通用安装工程其他附录的界限

（1）过梁、墙、楼板的钢（塑料）套管，应按《通用安装工程工程量计算规范》（GB 50856—2013）附录 K 给排水、采暖、燃气工程相关项目编码列项。

（2）除锈、刷漆（补刷漆除外）、保护层安装，应按《通用安装工程工程量计算规范》（GB 50856—2013）附录 M 刷油、防腐蚀、绝热工程相关项目编码列项。

（3）由国家或地方检测验收部门进行的检测验收应按《通用安装工程工程量计算规范》（GB 50856—2013）附录 N 措施项目编码列项。

4.3　建筑电气工程定额应用说明

建筑电气工程主要执行《四川省建设工程工程量清单计价定额——通用安装工程》（2020）中的 D 分册《电气设备安装工程》。该分册适用于新建、扩建工程中 10kV 以下变配电设备及线路安装工程、车间动力电气设备及电气照明器具、防雷及接地装置安装、配管配线、电气调整试验等的安装工程。

1. 增加费用说明

（1）脚手架搭拆费：按定额人工费（不包括"D.17电气设备调试工程"中的人工费）5%计算，其费用中人工占35%，机械占5%。电压等级≤10kV的架空输电线路工程、直埋敷设电缆工程、路灯工程不单独计算脚手架费用。

（2）操作高度增加费：安装高度距离楼面或地面＞5m时，超过部分工程量按定额人工费乘以系数1.1计算（已经考虑了超高因素的定额项目除外，如：小区路灯、投光灯、氖气灯、烟囱或水塔指示灯、装饰灯具）；室外电缆工程、电压等级≤10kV的架空输电线路工程不执行本条规定。

（3）建筑物超高增加费：指在檐口高度20m以上的工业与民用建筑物上进行安装增加的费用，按±0.000以上部分的定额人工费乘以表4-1中的系数计算。费用全部为人工费。

建筑物超高增加费系数   表4-1

建筑物檐高（m）	≤40	≤60	≤80	≤100	≤120	≤140	≤160	≤180	≤200	200m以上每增20m
建筑物超高系数（%）	2	5	9	14	20	26	32	38	44	6

（4）在地下室内（含地下车库）、暗室内、净高＜1.6m的楼层、断面＜4m² 且＞2m² 的隧道或洞内进行安装的工程，定额人工费乘以系数1.12。

（5）在管井内、竖井内、断面≤2m² 的隧道或洞内、封闭吊顶天棚内进行安装的工程，定额人工费乘以系数1.16。

2.《电气设备安装工程》分册与相关分册的关系

（1）起重机的机械部分及电机的安装，执行《机械设备安装工程》分册的相关项目。

（2）支架的除锈、刷油等执行《刷油、防腐蚀、绝热工程》分册的相关项目。

（3）电气工程的抗震支架、剔堵槽（沟）、压（留）槽、预留孔洞、堵洞、打洞执行《通用项目及措施项目》分册的相应项目。

4.4 电气工程计量与计价方法

4.4.1 变压器

变压器是利用电磁感应作用改变交流电压和电流的一种设备。其类型很多，按用途分为电力变压器、特种变压器；按冷却方式分为油浸式、干式；按相数分为单相与三相等。其中，电力变压器是构成电力网和电力系统的主要设备。最常用的是配电变压器，用以接收和分配电能，将电网较高的电压变成适于用户所需的电压。

1. 工程量计算规则

（1）清单工程量计算规则

变压器以"台"计量，按设计图示数量计算。

（2）定额工程量计算规则

1）变压器安装根据设备容量及结构性能，按照设计安装数量，以"台"为计量单位。

2）变压器基础槽钢、角钢制作与安装，根据设备布置，按照设计图示安装数量，以"m"为计量单位。

3）变压器绝缘油过滤不分次数，直至油过滤合格为止，按照变压器铭牌充油量计算，以"t"为计量单位。

4）变压器网门、保护网制作、安装，按设计图示的框外围尺寸，以"m²"为计量单位。

5）变压器干燥：变压器通过试验，判定绝缘受潮时才需要干燥，工程实际发生时可计取。

◆ 例 4.1 某台油浸电力变压器 S11-M-6000kV·A10/0.4 容量为 6000kV·A，需做吊芯检查，外形尺寸为 1800mm×1200mm×800mm（宽×高×厚），采用 10 号槽钢为基础。计算变压器安装的相关工程量。

※解※
_____

油浸电力变压器 6000kV·A 安装： 1 台

变压器 10 号槽钢基础制作、安装： 2×（1.8＋0.8）＝5.2m

2. 清单使用说明

根据《通用安装工程工程量计算规范》（GB 50856—2013）附录 D.1 的规定，变压器安装的工程量清单项目设置、项目特征描述的内容、计量单位及工程量计算规则应按表 4-2 执行。

变压器安装清单项目设置　　　　　　　　　　　　　　表 4-2

项目编码	项目名称	项目特征	计量单位	工程量计算规则	工作内容
030401001	油浸电力变压器	1. 名称 2. 型号 3. 容量（kV·A） 4. 电压（kV） 5. 油过滤要求 6. 干燥要求 7. 基础型钢形式、规格 8. 网门、保护门材质、规格 9. 温控箱型号、规格	台	按设计图示数量计算	1. 本体安装 2. 基础型钢制作、安装 3. 油过滤 4. 干燥 5. 接地 6. 网门、保护门制作、安装 7. 补刷（喷）油漆
030401002	干式变压器				1. 本体安装 2. 基础型钢制作、安装 3. 温控箱安装 4. 接地 5. 网门、保护门制作、安装 6. 补刷（喷）油漆

3. 定额使用说明

（1）变压器的器身检查：容量小于或等于 4000kV·A 的变压器是按吊芯检查考虑的，容量大于 4000kV·A 的变压器是按吊钟罩考虑的，当容量大于 4000kV·A 的变压器需做吊芯检查时，定额机械费乘以系数 2.0。

（2）安装带有保护外罩的干式变压器时，执行相应定额人工、机械乘以系数 1.1。

（3）油浸式变压器安装定额适用于自耦式变压器、带负荷调压变压器的安装；电炉变压器安装执行同容量变压器定额乘以系数 1.6；整流变压器安装执行同容量变压器定额乘以系数 1.2。

◆ 例 4.2 根据例 4.1 的计算结果，套用相关定额子目，计算变压器安装定额费用。

※解※

套用相关定额子目，见表 4-3。

变压器安装的定额费用   表 4-3

定额编号	项目名称	计量单位	①工程数量	②定额综合基价/元	③合价/元 ③=①×②	主材名称	④主材数量	单位	⑤主材单价/元	⑥主材合价/元 ⑥=④×⑤	⑦定额合价/元 ⑦=③+⑥
CD0006换	油浸式变压器安装容量（kV·A）≤8000	台	1	14643.41	14643.41	油浸电力变压器	1	台	25000.00	25000.00	14643.41+25000 =39643.41
CD2301	基础槽钢制作、安装	m	5.20	21.73	113.00	型钢	5.252	m	50.00	262.60	113.00+262.60 =375.60

◆ 例 4.3 根据例 4-1 和例 4-2 的计算结果，编制油浸电力变压器安装工程量清单，计算清单项目的综合单价。

※解※

1）由表 4-2、表 4-3 可知，本例的工程量清单见表 4-4。

变压器安装的工程量清单   表 4-4

项目编码	项目名称	项目特征	计量单位	工程量
030401001001	油浸电力变压器	1. 名称：油浸电力变压器 2. 型号：S11-M-6000kV·A10/0.4 3. 容量（kV·A）：6000kV·A 4. 电压（kV）：10kV 5. 基础型钢形式、规格：10 号槽钢基础	台	1

2）通过对比《通用安装工程工程量计算规范》（GB 50856—2013）附录 D 相关项目和《四川省建设工程工程量清单计价定额——通用安装工程》（2020） D 分册定额相关子目的

工作内容，可知清单项目 030401001001 对应于定额子目 CD0006 和 CD2301。清单项目和定额子目的关系见表 4-5。

清单项目和定额子目的关系　　　　　　　　表 4-5

项目编码	项目名称	项目特征	对应定额子目
030401001001	油浸电力变压器	1. 名称：油浸电力变压器 2. 型号：S11-M-6000kV · A10 / 0. 4 3. 容量（kV · A）：6000kV · A 4. 电压（kV）：10kV	CD0006 换
		5. 基础型钢形式、规格：10 号槽钢基础	CD2301

3）定额子目的信息见表 4-6。

定额子目的信息　　　　　　　　表 4-6

定额编号	项目名称	单位	综合单价（元）	其中					未计价材料		
				人工费	材料费	机械费	管理费	利润	名称	单位	数量
CD0006	油浸式变压器安装容量（kV · A）≤8000	台	12232. 17	6436. 44	1367. 22	2411. 24	619. 34	1397. 93	—	—	—
CD2301	基础槽钢制作、安装	m	21. 73	13. 23	3. 58	1. 55	1. 03	2. 34	基础槽（角）钢	m	1. 01

清单项目的综合单价为

（12232. 17 + 2411. 24 + 25000）+（21. 73 +1. 01 × 10 × 5）× 5. 2 = 40019. 01 元

4.4.2　母线

10kV 以下的母线在高、低压配电装置中或车间动力大负荷配电干线中作为汇集和分配电流的载体，故称为母线，也称为汇流排。母线类型很多，按刚性分为硬母线、软母线；按材质分为铜、铝、钢母线；按断面形状分为带（矩）形、槽形、管形、组合形；按安装方式分为矩形单片、叠合或组合；按冷却方式分为水冷、强风冷等；还有目前高层建筑及工厂车间广泛应用的低压封闭式插接母线。

1. 工程量计算规则

（1）清单工程量计算规则

1）软母线、组合软母线、带形母线、槽形母线。以"m"计量，按设计图示尺寸以单相长度计算（含预留长度）。软母线安装预留长度见表 4-7，硬母线配置安装预留长度见表 4-8。

软母线安装预留长度（m／根）　　　　　　　表 4-7

项目	耐张	跳线	引下线、设备连接线
预留长度	2.5	0.8	0.6

硬母线配置安装预留长度（m／根）　　　　　　表 4-8

序号	项目	预留长度	说明
1	带形、槽形母线终端	0.3	从最后一个支持点算起
2	带形、槽形母线与分支线连接	0.5	分支线预留
3	带形母线与设备连接	0.5	从设备端子接口计算
4	多片重型母线与设备连接	1.0	从设备端子接口计算
5	槽形母线与设备连接	0.5	从设备端子接口计算

2）共箱母线、低压封闭式插接母线槽。以"m"计量，按设计图示尺寸以中心线长度计算。

3）重型母线。以"t"计量，按设计图示尺寸以质量计算。

4）始端箱、分线箱。以"台"计量，按设计图示数量计算。

（2）定额工程量计算规则

1）软母线安装是指直接由耐张绝缘子串悬挂安装，根据母线形式和截面面积或根数，按照设计布置以"跨／三相"为计量单位。

2）矩形与管形母线及母线引下线安装，根据母线材质及每相片数、截面面积或直径，按照设计图示安装数量以"m／单相"为计量单位。

3）槽形母线安装，根据母线根数与规格，按照设计图示安装数量以"m／单相"为计量单位；计算长度时，应考虑母线挠度和连接需要增加的工程量。

4）低压（电压等级≤380V）封闭式插接母线槽安装，根据每相电流容量，按照设计图示安装轴线长度以"m"为计量单位；计算长度时，不计算安装损耗量。

5）重型母线安装，根据母线材质及截面面积或用途，按照设计图示安装成品重量以"t"为计量单位；计算重量时，不计算安装损耗量。母线、固定母线金具、绝缘配件应按照安装数量加损耗量另行计算主材费。硬母线配置安装预留长度见表 4-8。

6）分线箱、始端箱安装根据电流容量，按照设计图示安装数量以"台"为计量单位。

◆ 例 4.4　如图 4-1 所示，单母线高压断路器柜的外形尺寸为 1200mm×2000mm×800mm（宽×高×厚），10kV 干式变压器的外形尺寸为 1500mm×1200mm×800mm（宽×高×厚），均采用 10 号槽钢作为基础，标高为 +0.100，母线安装高度为 4.5m，图中括号内数字为水平长度，单位为米（m）。变压器 8000 元／台，高压柜 132000 元／台，TMY-80×8mm² 单价 56 元／m，10 号槽钢 5 元／kg；硬铜母线穿墙处采用环氧树脂穿通板，穿通板单价 300 元／块，穿墙套管 400 元／个。计算该工程的相关工程量。

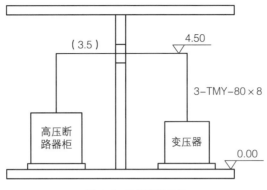

图 4-1　母线安装示意

※解※

1）硬铜母线 3-TMY-80×8 的工程量：

$[（4.5-0.1-2）+3.5+（4.5-0.1-1.2）+0.5×2]×3=30.30m$

2）高压配电柜：　1 台

10 号槽钢基础槽钢制作、安装：　2×（1.2+0.8）=4.0m

3）干式变压器：　1 台

10 号槽钢基础槽钢制作、安装：　2×（1.5+0.8）=4.6m

4）穿墙套管：　3 个

5）环氧树脂穿通板：　1 块

2. 清单使用说明

根据《通用安装工程工程量计算规范》（GB 50856—2013）附录 D.3 的规定，母线安装的工程量清单项目设置、项目特征描述的内容、计量单位及工程量计算规则应按表 4-9 执行。

3. 定额使用说明

（1）矩形钢母线安装执行铜母线安装定额。

（2）矩形母线伸缩接头和铜过渡板安装定额均按成品安装编制，定额不包括加工配置及主材费。

（3）矩形母线、槽形母线安装定额不包括支持瓷瓶安装和钢构件配置安装，工程实际发生时，执行相关定额。

（4）高压共箱母线和低压封闭式插接母线槽安装定额是按照成品安装编制的，定额不包括加工配置及主材费，包括本体接地安装及材料费。

（5）穿通板按不同材质执行相应定额，穿墙套管不分材质、规格，统一执行定额。

（6）母线安装不包括支架、铁构件的制作与安装，工程实际发生时，另行计算。

（7）在电井内、竖井内、断面≤2m² 的隧道或洞内、封闭吊顶天棚内进行安装的母线工程，定额人工费乘以系数 1.16。

母线安装清单项目设置 表 4-9

项目编码	项目名称	项目特征	计量单位	工程量计算规则	工作内容
030403003	带形母线	1. 名称 2. 型号 3. 规格 4. 材质 5. 绝缘子类型、规格 6. 穿墙套管材质、规格 7. 穿通板材质、规格 8. 母线桥材质、规格 9. 引下线材质、规格 10. 伸缩节、过渡板材质、规格 11. 分相漆品种	m	按设计图示尺寸以单相长度计算（含预留长度）	1. 母线安装 2. 穿通板制作、安装 3. 支持绝缘子、穿墙套管的耐压试验、安装 4. 引下线安装 5. 伸缩节安装 6. 过渡板安装 7. 刷分相漆
030403004	槽形母线	1. 名称 2. 型号 3. 规格 4. 材质 5. 连接设备名称、规格 6. 分相漆品种			1. 母线制作、安装 2. 与发电机、变压器连接 3. 与断路器、隔离开关连接 4. 刷分相漆
030403005	共箱母线	1. 名称 2. 型号 3. 规格 4. 材质		按设计图示尺寸以中心线长度计算	1. 母线安装 2. 补刷（喷）油漆
030403006	低压封闭式插接母线槽	1. 名称 2. 型号 3. 规格 4. 容量（A） 5. 限制 6. 安装部位			
030403007	始端箱、分线箱	1. 名称 2. 型号 3. 规格 4. 容量（A）	台	按设计图示数量计算	1. 本体安装 2. 补刷（喷）油漆

◆ 例 4.5　根据例 4-4 的计算结果，套用相关定额子目，计算母线安装定额费用。

※解※

套用相关定额子目，见表 4-10。

母线安装的定额费用　　　　　　　　　表 4-10

定额编号	项目名称	计量单位	①工程数量	②定额综合基价/元	③合价/元 ③=①×②	主材名称	④主材数量	单位	⑤主材单价/元	⑥主材合价/元 ⑥=④×⑤	⑦定额合价/元 ⑦=③+⑥
CD0198	矩形铜母线单相一片截面≤800mm²	m/单相	30.30	30.62	927.79	硬铜母线	30.997	m	56.00	1735.83	927.79+1735.83 =2663.62
CD2315	环氧树脂板	块	1	396.72	396.72	环氧树脂板	1.050	块	300.00	315.00	396.72+315.00 =711.72
CD0330	穿墙套管	个	3	64.21	192.63	穿墙套管	3.06	个	400.00	1224.00	192.63+1224.00 =1416.63

◆ 例 4.6　根据例 4.4 和例 4.5 的计算结果,编制带形母线安装工程量清单,计算清单项目的合价和综合单价。

※解※

1)由表 4-9、表 4-10 可知,本例的工程量清单见表 4-11。

母线安装的工程量清单　　　　　　　　　表 4-11

项目编码	项目名称	项目特征	计量单位	工程量
030403003001	带形母线	1. 名称:硬铜母线 2. 型号:TMY 3. 规格:80×8mm² 4. 材质:铜 5. 穿墙套管材质、规格:陶瓷,　3 个 6. 穿通板材质、规格:环氧树脂板,　1 块	m	30.3

2)通过对比《通用安装工程工程量计算规范》(GB 50856—2013)附录 D.3 相关项目和《四川省建设工程工程量清单计价定额——通用安装工程》(2020)　D 分册定额相关子目的工作内容,可知清单项目 030403003001 对应于定额子目 CD0198、　CD2315 和 CD0330。清单项目和定额子目的关系见表 4-12。

清单项目和定额子目的关系　　　　　　　　　表 4-12

项目编码	项目名称	项目特征	对应定额子目
030403003001	带形母线	1. 名称:硬铜母线 2. 型号:TMY 3. 规格:80×8mm² 4. 材质:铜	CD0198
		5. 穿墙套管材质、规格:陶瓷,　3 个	CD2315
		6. 穿通板材质、规格:环氧树脂板,　1 块	CD0330

3）定额子目的信息见表 4-13。

定额子目的信息

表 4-13

定额编号	项目名称	单位	综合基价（元）	其中					未计价材料		
				人工费	材料费	机械费	管理费	利润	名称	单位	数量
CD0198	矩形铜母线安装，每相一片，截面（mm²）≤800	m/单相	30.62	17.46	3.67	4.48	1.54	3.47	矩形铜母线	m	1.023
CD2315	环氧树脂板	块	396.72	239.88	85.81	13.31	17.72	40.00	环氧树脂板	块	1.050
CD0330	穿墙套管安装	个	64.21	28.62	15.34	11.17	2.79	6.29	穿墙套管	个	1.020

清单项目的合价为：

（30.62+1.023×56.00）×30.30+（396.72+1.050×300）×1+（64.21+1.020×400）×3 = 4791.96 元

综合单价为：

4791.96 / 30.30 = 158.15 元

4.4.3 控制箱、配电箱

控制箱：一般为挂墙、落地或在落地支架上安装，里面装有电源开关、保险装置、继电器或接触器等电气装置，用于对指定设备进行控制。

配电箱：供电专用，可分为电力配电箱和照明配电箱两种，箱内装有电源开关（断路器、隔离开关或刀开关）、熔断器及测量仪表等元件。

控制箱及配电箱的安装方式有嵌入式、壁式、挂式、落地支架式及台式等，如图 4-2 所示。

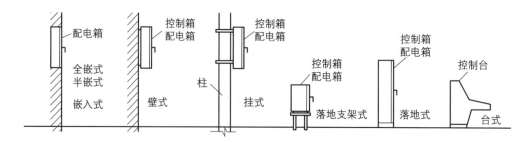

图 4-2 控制箱及配电箱的安装方式

1. 工程量计算规则

（1）清单工程量计算规则

控制箱、配电箱以"台"计量，按设计图示数量计算。

（2）定额工程量计算规则

1）成套配电箱安装，根据箱体半周长，按照设计安装数量以"台"为计量单位。

2）控制箱安装，按照设计图示安装数量以"台"为计量单位。

3）控制箱、配电箱安装不包括支架制作与安装、二次喷漆及喷字、设备干燥、焊（压）接线端子、端子板外部（二次）接线、基础槽（角）钢制作与安装、设备上开孔，需另行计算工程量。

4）落地式配电箱用型钢作基础时，制作、安装以"m"为计量单位，长度 $L = 2$（宽 + 厚）。

5）当导线截面面积 > 6mm² 时，进出配电箱的线头需焊（压）接线端子，以"个"为计量单位；当导线截面面积 ≥ 6mm² 时，进出配电箱的单芯导线需计算无端子外部接线，多芯软导线需计算有端子外部接线，以"个"为计量单位。

◆ 例4.7 某配电箱 M0 系统如图 4-3 所示，落地安装，采用 10 号槽钢作为基础，计算相关工程量。

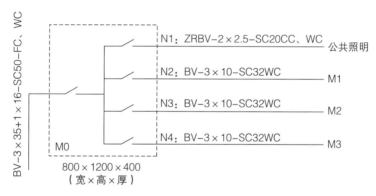

图 4-3 配电箱 M0 系统

※解※

照明配电箱 M0： 1 台

10 号槽钢基础槽钢制作、安装： 2×（0.8 + 0.4）= 2.40m

压铜端子35mm²： 3个

16mm²： 1个

10mm²： 9个

无端子外部接线 2.5mm²： 2个

2. 清单使用说明

根据《通用安装工程工程量计算规范》（GB 50856—2013）附录 D.4 的规定，控制箱、配电箱的安装工程量清单项目设置、项目特征描述的内容、计量单位及工程量计算规则应按表 4-14 执行。

控制箱、配电箱安装清单项目设置　　　　表 4-14

项目编码	项目名称	项目特征	计量单位	工程量计算规则	工作内容
030404016	控制箱	1. 名称 2. 型号 3. 规格 4. 基础形式、材质、规格 5. 接线端子材质、规格 6. 端子板外部接线材质、规格 7. 安装方式	台	按设计图示数量计算	1. 本体安装 2. 基础型钢制作、安装 3. 焊、压接线端子 4. 补刷（喷）油漆 5. 接地
030404017	配电箱				

3. 定额使用说明

（1）配电箱分落地式和悬挂嵌入式，以配电箱半周长分档，分别套用相应的定额子目。

（2）成套配电柜和箱式变电站安装不包括基础槽（角）钢安装。

（3）成品配套空箱体安装执行相应的"成套配电箱"安装定额乘以系数 0.5。

（4）控制箱、配电箱均未包括基础槽钢、角钢的制作、安装，发生时执行相应的定额子目。

（5）焊、压接线端子定额只适用于导线。电缆终端头制作、安装定额中已包括焊压接线端子，不得重复计算。

◆ 例 4.8　根据例 4.7 的计算结果，套用相关定额子目，计算配电箱安装定额费用。

※解※

套用相关定额子目，见表 4-15。

配电箱安装的定额费用　　　　表 4-15

定额编号	项目名称	计量单位	① 工程数量	② 定额综合基价/元	③ 合价/元 ③=①×②	④ 主材名称	④ 主材数量	单位	⑤ 主材单价/元	⑥ 主材合价/元 ⑥=④×⑤	⑦ 定额合价/元 ⑦=③+⑥
CD0106	落地式配电箱	台	1	415.62	415.62	照明配电箱	1	台	800.00	800.00	415.62+800.00 =1215.62
CD2301	基础槽钢制作、安装	m	2.40	21.73	52.15	基础槽钢	2.424	m	50.00	121.20	52.15+121.20 =173.35
CD0427	压铜接线端子 16mm²	个	10	7.10	71.00	—	—	—	—	—	71.00
CD0428	压铜接线端子 35mm²	个	3	11.00	33.00	—	—	—	—	—	33.00
CD0415	无端子外部接线 2.5mm²	个	2	3.61	7.22	—	—	—	—	—	7.22

◆ 例 4.9　根据例 4.7 和例 4.8 的计算结果，编制配电箱安装工程量清单，计算清单项目的综合单价。

※解※

1）由表 4-14、表 4-15 可知，本例的工程量清单见表 4-16。

配电箱安装的工程量清单　　　　　　　　　表 4-16

项目编码	项目名称	项目特征	计量单位	工程量
030404017001	配电箱	1. 名称：照明配电箱 M0 2. 规格：800mm×1200mm×400mm（宽×高×厚） 3. 基础形式、材质、规格：10 号槽钢 4. 接线端子材质、规格： 压铜接线端子 35mm²：3 个 压铜接线端子 16mm²：1 个 压铜接线端子 10mm²：9 个 5. 端子板外部接线材质、规格： 无端子外部接线 2.5mm²：2 个 6. 安装方式：落地安装	台	1

2）通过对比《通用安装工程工程量计算规范》（GB 50856—2013）附录 D 相关项目和《四川省建设工程工程量清单计价定额——通用安装工程》（2020）D 分册定额相关子目的工作内容，可知清单项目 030404017001 对应于定额子目 CD0106、CD2301、CD0427、CD0428 和 CD0415。清单项目和定额子目的关系见表 4-17。

清单项目和定额子目的关系　　　　　　　　　表 4-17

项目编码	项目名称	项目特征	对应定额子目
030403003001	配电箱	1. 名称：照明配电箱 M0 2. 规格：800mm×1200mm×400mm（宽×高×厚） 3. 基础形式、材质、规格：10 号槽钢 4. 接线端子材质、规格： 压铜接线端子 35mm²：3 个 压铜接线端子 16mm²：1 个 压铜接线端子 10mm²：9 个 5. 端子板外部接线材质、规格： 无端子外部接线 2.5mm²：2 个 6. 安装方式：落地安装	CD0106 CD2301 CD0427 CD0428 CD0415

3）定额子目的信息见表 4-18。

定额子目的信息　　　　　　　　　表 4-18

定额编号	项目名称	单位	综合基价（元）	人工费	材料费	机械费	管理费	利润	名称	单位	数量
				其中					未计价材料		
CD0106	落地式配电箱	台	415.62	266.70	13.71	60.59	22.91	51.71	—	—	—

定额编号	项目名称	单位	综合基价（元）	其中					未计价材料		
				人工费	材料费	机械费	管理费	利润	名称	单位	数量
CD2301	基础槽钢制作、安装	m	21.73	13.23	3.58	1.55	1.03	2.34	基础槽（角）钢	m	1.010
CD0427	压铜接线子 导线截面（mm²）≤16	个	7.10	3.06	3.35	—	0.21	0.48	—	—	—
CD0428	压铜接线子 导线截面（mm²）≤35	个	11.00	4.38	5.62	—	0.31	0.69	—	—	—
CD0415	无端子外部接线（mm²）≤2.5	个	3.61	1.44	1.84	—	0.10	0.23	—	—	—

清单项目的综合单价为：

$(415.62+800)\times1.0+(21.73+1.010\times50)\times2.4+7.10\times10+11.00\times3+3.61\times2=1500.19$ 元

4.4.4 低压电器

控制开关：用于隔离电源或接通及断开电路，或者改变电路连接，如自动空气开关、刀开关、封闭式开关熔断器组、胶盖刀开关、组合控制开关、万能转换开关、风机盘管三速开关等。

照明开关：形式有拉线式、跷板式（单双联、单双控）等，分别有明装、暗装两种安装方式。

插座：形式有单相插座（两孔、多孔）、三相插座（三相四孔），分别有明装、暗装、密闭、防水型等安装方式。

1. 工程量计算规则

（1）清单工程量计算规则

控制开关、低压熔断器、限位开关、分流器、照明开关、插座，以"个"计量，按设计图示数量计算。

（2）定额工程量计算规则

1）控制开关安装根据开关形式与功能及电流量，按照设计图示安装数量以"个"为计量单位。

2）开关、按钮安装根据安装形式与种类、开关极数及单控与双控，按照设计图示安装数量以"套"为计量单位。

3）插座安装根据电源数、定额电流、插座安装形式，按照设计图示安装数量以"套"为计量单位。

4）每个开关都要配一个开关盒，开关盒的安装要另列项计价。

5）每个插座都要配一个插座盒，插座盒的安装要另列项计价。

6）风扇安装已包含调速开关的安装费用，不得另计。

2. 清单使用说明

根据《通用安装工程工程量计算规范》（GB 50856—2013）附录 D.4 的规定，低压电器安装的工程量清单项目设置、项目特征描述的内容、计量单位及工程量计算规则应按表 4-19执行。

低压电器安装清单项目设置　　　　表 4-19

项目编码	项目名称	项目特征	计量单位	工程量计算规则	工作内容
030404019	控制开关	1. 名称 2. 型号 3. 规格 4. 接线端子材质、规格 5. 额定电流（A）	个	按设计图示数量计算	1. 本体安装 2. 焊、压接线端子 3. 接线
030404022	控制器	1. 名称 2. 型号 3. 规格 4. 接线端子材质、规格	台		1. 本体安装 2. 焊、压接线端子 3. 接线
030404023	接触器		台		
030404024	磁力启动器		台		
030404025	自耦减压启动器		台		
030404031	小电器		个 （套、台）		
030404033	风扇	1. 名称 2. 型号 3. 规格 4. 安装方式	台		1. 本体安装 2. 调速开关安装
030404034	照明开关	1. 名称 2. 材质 3. 规格 4. 安装方式	个		1. 本体安装 2. 接线
030404035	插座		个		
030404036	其他电器	1. 名称 2. 规格 3. 安装方式	个 （套、台）		1. 安装 2. 接线

注：小电器包括按钮、电笛、电铃、水位电气信号装置、测量表计、继电器、电磁锁、屏上辅助设备、辅助电压互感器、小型安全变压器。

3. 定额使用说明

（1）控制开关定额不包括接线端子、保护盒、接线盒、箱体等的安装，工程实际发生时，执行相应定额。

（2）插座箱安装执行相应的配电箱定额。

（3）灯具开关应区别开关、按钮安装方式，开关、按钮种类，开关极数，以及单控与双控形式，执行相应的定额子目。

（4）插座应区别电源相数、额定电流、插座安装形式，执行相应的定额子目。

◆ 例 4.10　某工程有单相五孔暗插座 50 套（250V， 15A），单价为 34 元／套，套用相关定额子目，计算插座安装定额费用。

※解※

套用相关定额子目，见表 4-20。

插座安装的定额费用　　　　　　　　表 4-20

定额编号	项目名称	计量单位	①工程数量	②定额综合基价/元	③合价/元 ③=①×②	主材名称	④主材数量	单位	⑤主材单价/元	⑥主材合价/元 ⑥=④×⑤	⑦定额合价/元 ⑦=③+⑥
CD2227	单相暗插座电流（A）≤15A	套	50	9.08	454.00	成套插座	51	套	34.00	1734.00	454.00+1734.00 =2188.00

◆ 例 4.11　根据例 4.10 的计算结果，编制插座安装工程量清单，计算清单项目的合价。

※解※

1）由表 4-19、表 4-20 可知，本例的工程量清单见表 4-21。

插座安装的工程量清单　　　　　　　　表 4-21

项目编码	项目名称	项目特征	计量单位	工程量
030404035001	插座	1. 名称：普通插座 2. 规格：5 孔 250V 15A 3. 安装方式：暗装	个	50

2）通过对比《通用安装工程工程量计算规范》（GB 50856—2013）附录 D 相关项目和《四川省建设工程工程量清单计价定额——通用安装工程》（2020） D 分册定额相关子目的工作内容，可知清单项目 030404035001 对应于定额子目 CD2227。清单项目和定额子目的关系见表 4-22。

清单项目和定额子目的关系　　　　　　　　表 4-22

项目编码	项目名称	项目特征	对应定额子目
030404035001	插座	1. 名称：普通插座 2. 规格：5 孔 250V 15A 3. 安装方式：暗装	CD2227

3）定额子目的信息见表 4-23。

定额子目的信息　　　　　　　　　表 4-23

定额编号	项目名称	单位	综合基价（元）	其中					未计价材料		
				人工费	材料费	机械费	管理费	利润	名称	单位	数量
CD2227	单相暗插座电流（A）≤15A	套	9.08	6.36	1.27	—	0.45	1.00	成套插座	套	1.020

清单项目的合价为：

（9.08 + 1.020×34）×50 = 2188.00 元

4.4.5 电机检查接线及调试 ●

1. 工程量计算规则

（1）清单工程量计算规则

电动机组、备用励磁机组检查接线及调试，以"组"计量，其余以"台"计量，按设计图示数量计算。

电动机按其质量划分为大、中、小型。 3t 以下为小型， 3～30t 为中型， 30t 以上为大型。

（2）定额工程量计算规则

1）发电机、电动机检查接线，根据设备容量，按照设计图示安装数量以"台"为计量单位。单台电动机重量在 30t 以上时，按照重量计算检查接线工程量。

说明：👆

①电机检查接线工程量的计算，应按施工图纸要求，按需要检查接线的电机（如水泵电机、风机电机、压缩机电机、磨煤机电机等）数量。

②计算时应注意：带有连接插头的小型电机，不计算检查接线工程量

③电机的电源线为导线时，应计算导线的压（焊）接线端子工程量。

④电动机检查接线定额中，每台电动机含 0.8m 金属软管，超过 0.8m 时，安装及材料费按实计算。

⑤电动机检查接线定额不包括电动机干燥，工程实际发生时，另行计算费用。

2）电动机负载调试根据电机的控制方式、功率按照电动机的台数计算工程量。

说明：👆

单相电动机，如轴流通风机、排风扇、吊风扇等，不计算调试费，也不计算电机检查接线费。

◆ 例 4.12　某水泵房平面图如图 4-4 所示，动力配电箱嵌墙安装，底边距地 1.5m，电

动机基础高 0.3m，配管高出基础 0.2m，用同规格金属软管 0.6m 接至电动机，埋地管理深为 0.2m，电动机需要干燥，计算电动机的相关工程量。

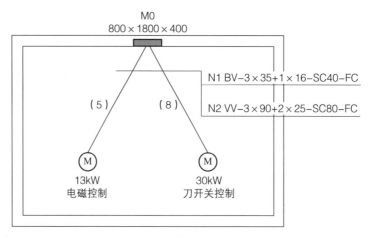

图 4-4 某水泵房平面

※解※

电动机检查接线 13kW： 1 台

电动机调试电磁控制： 1 台

电动机检查接线 30kW： 1 台

电动机调试刀开关控制： 1 台

2. 清单使用说明

根据《通用安装工程工程量计算规范》（GB 50856—2013）附录 D.6 的规定，电机检查接线及调试的工程量清单项目设置、项目特征描述的内容、计量单位及工程量计算规则应按表 4-24 执行。

电机检查接线及调试清单项目设置 表 4-24

项目编码	项目名称	项目特征	计量单位	工程量计算规则	工作内容
030406006	低压交流异步电动机	1. 名称 2. 型号 3. 容量（kW） 4. 控制保护方式 5. 接线端子材质、规格 6. 干燥要求	台	按设计图示数量计算	1. 检查接线 2. 接地 3. 干燥 4. 调试

3. 定额使用说明

（1）功率≤0.75kW 的电机检查接线均执行微型电机检查接线定额。设备出厂时电动机带插头的，不计算电动机检查接线费用，如排风（或排气）扇、电风扇等。

（2）电机安装执行 A 分册《机械设备安装工程》的电机安装项目。

◆ 例 4.13 根据例 4.12 的计算结果，套用相关定额子目，计算电动机检查接线及调试安装的定额费用。

※解※

套用相关定额子目，见表 4-25。

电动机检查接线及调试安装的定额费用　　　　表 4-25

定额编号	项目名称	计量单位	①工程数量	②定额综合基价/元	③合价/元 ③=①×②	主材名称	④主材数量	单位	⑤主材单价/元	⑥主材合价/元 ⑥=④×⑤	⑦定额合价/元 ⑦=③+⑥
CD0566	低压交流异步电动机检查接线 13kW	台	1	296.39	296.39	—	—	—	—	—	296.39
CD2475	交流异步电动机负载调试，低压笼型，电磁控制	台	1	575.95	575.95	—	—	—	—	—	575.95
CD0427	压铜接线端子 16mm²	个	1	7.10	7.10	—	—	—	—	—	7.10
CD0428	压铜接线端子 35mm²	个	3	11.00	33.00	—	—	—	—	—	33.00
CD0567	低压交流异步电动机检查接线 30kW	台	1	477.08	477.08	—	—	—	—	—	477.08
CD2474	交流异步电动机负载调试，低压笼型，刀开关控制	台	1	252.47	252.47	—	—	—	—	—	252.47

◆ 例 4.14　根据例 4.12 和例 4.13 的计算结果，编制电动机检查接线及调试安装工程量清单，计算各清单项目的综合单价。

※解※

1）由表 4-24、表 4-25 可知，本例的工程量清单见表 4-26。

电动机检查接线及调试安装的工程量清单　　　　表 4-26

项目编码	项目名称	项目特征	计量单位	工程量
030406006001	低压交流异步电动机	1. 名称：低压交流异步电动机检查接线及调试 2. 容量：13kW 3. 启动方式：电磁控制 4. 接线端子材质、规格： 压铜接线端子 16mm²：1 个 压铜接线端子 35mm²：3 个	台	1

续表

项目编码	项目名称	项目特征	计量单位	工程量
030406006002	低压交流异步电动机	1. 名称：低压交流异步电动机检查接线及调试 2. 容量：30kW 3. 启动方式：刀开关控制	台	1

2）通过对比《通用安装工程工程量计算规范》（GB 50856—2013）附录 D 相关项目和《四川省建设工程工程量清单计价定额——通用安装工程》（2020）D 分册定额相关子目的工作内容，可知清单项目 030406006001 对应于定额子目 CD0566、CD2475、CD0427 和 CD0428；清单项目 030406006002 对应于定额子目 CD0567 和 CD2474。清单项目和定额子目的关系见表 4-27。

清单项目和定额子目的关系 表 4-27

项目编码	项目名称	项目特征	对应定额子目
030406006001	低压交流异步电动机	1. 名称：低压交流异步电动机检查接线及调试 2. 容量：13kW 3. 启动方式：电磁控制 4. 接线端子材质、规格： 压铜接线端子 16mm²：1 个 压铜接线端子 35mm²：3 个	CD0566 CD2475 CD0427 CD0428
030406006002	低压交流异步电动机	1. 名称：低压交流异步电动机检查接线及调试 2. 容量：30kW 3. 启动方式：刀开关控制	CD0567 CD2474

3）定额子目的信息见表 4-28。

定额子目的信息 表 4-28

定额编号	项目名称	单位	综合基价（元）	其中					未计价材料		
				人工费	材料费	机械费	管理费	利润	名称	单位	数量
CD0566	交流异步电动机检查接线功率（kW）≤13	台	296.39	190.47	46.85	12.74	14.22	32.11	—	—	—
CD2475	交流异步电动机负载调试，低压笼型，电磁控制	台	575.95	271.83	5.45	192.75	32.52	73.40	—	—	—
CD0427	压铜接线端子导线截面（mm²）≤16	个	7.10	3.06	3.35	—	0.21	0.48	—	—	—
CD0428	压铜接线端子导线截面（mm²）≤35	个	11.00	4.38	5.62	—	0.31	0.69	—	—	—

续表

定额编号	项目名称	单位	综合基价（元）	其中					未计价材料		
				人工费	材料费	机械费	管理费	利润	名称	单位	数量
CD0567	交流异步电动机检查接线功率（kW）≤30	台	477.08	298.41	85.50	20.47	22.32	50.38	—	—	—
CD2474	交流异步电动机负载调试，低压笼型，刀开关控制	台	252.47	135.96	2.72	67.42	14.24	32.13	—	—	—

各清单项目的综合单价为

030406006001：

$296.39 + 575.95 + 7.10 + 11.00 \times 3 = 912.44$ 元

030406006002：

$477.08 + 252.47 = 729.55$ 元

4.4.6　滑触线

滑触线常作为起重机械的电源干线，可用角钢、扁钢、圆钢、轻轨、工字钢、铜电车线或软电缆等制作，如图 4-5 所示。

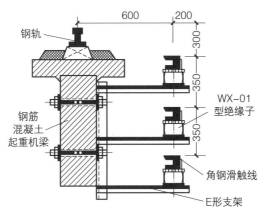

图 4-5　角钢滑触线

1. 工程量计算规则

（1）清单工程量计算规则

滑触线以"m"计量，按设计图示尺寸以单相长度（含预留长度）计算。滑触线安装预留长度见表 4-29。

滑触线安装预留长度（单位：m／根） 表 4-29

序号	项目	预留长度	说明
1	圆钢、铜母线与设备连接	0.2	从设备接线端子接口起算
2	圆钢、铜滑触线终端	0.5	从最后一个固定点起算
3	角钢滑触线终端	1.0	从最后一个支持点起算
4	扁钢滑触线终端	1.3	从最后一个固定点起算
5	扁钢母线分支	0.5	分支线预留
6	扁钢母线与设备连接	0.5	从设备接线端子接口起算
7	轻轨滑触线终端	0.8	从最后一个支持点起算
8	安全节能及其他滑触线终端	0.5	从最后一个固定点起算

（2）定额工程量计算规则

1）滑触线安装以"m"为计量单位，计算公式为：

$$滑触线工程量＝（图示单相长度＋预留长度）× 相数$$

2）滑触线安装根据材质及性能要求，按照设计图示安装成品数量以"m／单相"为计量单位，计算长度时，应考虑滑触线挠度和连接需要增加的工程量，不计算下料、安装损耗量。滑触线另行计算主材费。

3）滑触线支架、拉紧装置、挂式支持器的安装根据构件形式及材质，按照设计图示安装成品数量以"副"或"套"为计量单位，三相一体为一副或一套。

4）滑触线电源指示灯安装以"套"为计量单位。

◆ 例 4.15 某工程桥梁式起重机采用 3 根角钢 L50×50×5 作为滑触线，标高为 12m，图示单根长度为 26m，两端设置信号灯，采用三横架式滑触线焊接固定支架，共计 8 副，计算滑触线安装相关工程量。

※解※

角钢滑触线：（26＋1×2）×3＝84m

三横架式滑触线支架：8 副

信号灯：2 套

2. 清单使用说明

根据《通用安装工程工程量计算规范》（GB 50856—2013）附录 D.7 的规定，滑触线装置安装的工程量清单项目设置、项目特征描述的内容、计量单位及工程量计算规则应按表 4-30 执行。

3. 定额使用说明

（1）滑触线及支架安装定额是按照安装高度 ≤10m 编制，当安装高度 >10m 时，超出部分的安装工程量按照定额人工乘以系数 1.1 计算。

（2）安全节能型滑触线安装不包括滑触线导轨、支架、集电器及其附件等材料，安全节能型滑触线为三相式时，执行单相滑触线安装定额乘以系数 2.0。

滑触线装置安装清单项目设置　　　　　　　表 4-30

项目编码	项目名称	项目特征	计量单位	工程量计算规则	工作内容
030407001	滑触线	1. 名称 2. 型号 3. 规格 4. 材质 5. 支架形式、材质 6. 移动软电缆材质、规格、安装部位 7. 拉紧装置类型 8. 伸缩接头材质、规格	m	按设计图示尺寸以单相长度计算（含预留长度）	1. 滑触线安装 2. 滑触线支架制作、安装 3. 拉紧装置及挂式支持器制作、安装 4. 移动软电缆安装 5. 伸缩接头制作、安装

◆ 例 4.16　根据例 4.15 的计算结果，套用相关定额子目，计算滑触线装置安装定额费用。

※解※

套用相关定额子目，见表 4-31。

滑触线装置安装的定额费用　　　　　　　表 4-31

定额编号	项目名称	计量单位	① 工程数量	② 定额综合基价/元	③ 合价/元 ③=①×②	主材名称	④ 主材数量	单位	⑤ 主材单价/元	⑥ 主材合价/元 ⑥=④×⑤	⑦ 定额合价/元 ⑦=③+⑥
CD0604 换	角钢滑触线 50×5	10m/单相	8.4	210.01	1764.08	滑触线	87.36	m	19.00	1659.84	1764.08 + 1659.84 = 3423.92
CD0621 换	3 横架式焊接固定	副	8	42.56	340.48	滑触线支架	8.04	副	80.00	643.20	340.48 + 643.20 = 983.68
CD0625	指示灯	套	2	181.89	363.78	—	—	—	—	—	363.78

◆ 例 4.17　根据例 4.15 和例 4.16 的计算结果，编制滑触线装置安装的工程量清单，计算清单项目的合价和综合单价。

※解※

1）由表 4-30、表 4-31 可知，本例的工程量清单见表 4-32。

滑触线装置安装的工程量清单　　　　　　　表 4-32

项目编码	项目名称	项目特征	计量单位	工程量
030407001001	滑触线	1. 名称：滑触线 2. 规格：50×5mm^2 3. 材质：角钢 4. 支架形式、材质：3 横架式焊接固定支架 5. 指示灯：信号灯 6. 安装高度：12m	m	84

2）通过对比《通用安装工程工程量计算规范》（GB 50856—2013）附录 D 相关项目和《四川省建设工程工程量清单计价定额——通用安装工程》（2020） D 分册定额相关子目的工作内容，可知清单项目 030407001001 对应于定额子目 CD0604、CD0621 和 CD0625。清单项目和定额子目的关系见表 4-33。

清单项目和定额子目的关系 表 4-33

项目编码	项目名称	项目特征	对应定额子目
030407001001	滑触线	1. 名称：滑触线 2. 规格：$50 \times 5mm^2$ 3. 材质：角钢 4. 支架形式、材质：3 横架式焊接固定支架 5. 指示灯：信号灯 6. 安装高度：12m	CD0604 CD0621 CD0625

3）定额子目的信息见表 4-34。

定额子目的信息 表 4-34

定额编号	项目名称	单位	综合基价（元）	其中					未计价材料		
				人工费	材料费	机械费	管理费	利润	名称	单位	数量
CD0604	角钢滑触线安装规格 $50 \times 5mm^2$	10m／单相	195.70	143.10	11.65	6.78	10.49	23.68	滑触线	m	10.400
CD0621	3 横架式焊接固定	副	40.38	21.75	5.74	6.46	1.97	4.46	滑触线支架	副	1.005
CD0625	指示灯安装	套	180.31	15.78	159.42	1.23	1.19	2.69	—	—	—

清单项目的合价为：

（19.57+14.31×0.1+1.04×19.00）×84+（40.38+21.75×0.1+1.005×80）×8+（180.31+15.78×0.1）×2=4771.34 元

综合单价为：

4771.34／84＝56.80 元

4.4.7 电缆

电缆的敷设方式有直埋、穿管、电缆沟、桥架、支架、钢索、排管、电缆隧道敷设等。

4.4.7.1 电缆敷设

1. 工程量计算规则

（1）清单工程量计算规则

电力电缆、控制电缆，以"m"计量，按设计图示尺寸以长度计算（含预留长度及附加长度）。电缆敷设预留长度及附加长度见表 4-35。

电缆敷设预留及附加长度　　　　　　　　　　表 4-35

序号	项目	预留（附加）长度	说明
1	电缆敷设弛度、波形弯度、交叉	2.5%	按电缆全长计算
2	电缆进入建筑物	2.0m	规范规定最小值
3	电缆进入沟内或吊架时引上（下）预留	1.5m	规范规定最小值
4	变电所进线、出线	1.5m	规范规定最小值
5	电力电缆端头	1.5m	检修余量最小值
6	电缆中间接头盒	两端各留 2.0m	检修余量最小值
7	电缆进控制、保护屏及模拟盘、配电箱等	高 + 宽	按盘面尺寸
8	高压开关柜及低压配电盘、箱	2.0m	盘下进出线
9	电缆至电动机	0.5m	从电机接线盒算起
10	厂用变压器	3.0m	从地坪算起
11	电缆绕过梁柱等增加长度	按实计算	按被绕物的断面情况计算增加长度
12	电梯电缆与电缆架固定点	每处 0.5m	规范规定最小值

（2）定额工程量计算规则

电缆敷设根据电缆敷设环境与规格，按照设计图示单根敷设数量以"m"为计量单位，不计算电缆敷设损耗量。

说明：👆

1）竖井通道内敷设电缆长度按照电缆敷设在竖井通道垂直高度，以延长米计算工程量。

2）预制分支电缆敷设长度按照敷设主电缆长度计算工程量。

3）计算电缆敷设长度时，应考虑因波形敷设、弛度、电缆绕梁（柱）所增加的长度以及电缆与设备连接、电缆接头等必要的预留长度。

电缆工程量计算见下式：

$$L = （水平长 + 垂直长 + 预留长）\times （1 + 2.5\%）$$

式中　2.5%——电缆曲折弯余系数。

◆ 例 4.18　某低压配电室平面图如图 4-6 所示，低压开关柜 M0 落地安装，采用 10 号槽钢作为基础，标高为 0.1m；配电箱 M1 嵌墙暗装，底边距地 1.5m，暗配管埋深为 0.2m，括号内数字为水平长度，单位为 m。计算电缆的工程量。

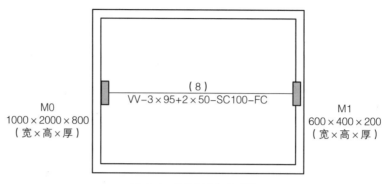

图 4-6　某低压配电室平面

※解※

电缆 VV-3×95mm² + 2×50mm² 的工程量为

[（0.1+0.2）+8+（0.2+1.5）+2+（0.6+0.4）+1.5×2]×（1+2.5%）= 16.40（m）

出配电柜　进配电箱　进配电箱预留

出配电柜预留　终端头预留

2. 清单使用说明

根据《通用安装工程工程量计算规范》（GB 50856—2013）附录 D.8 的规定，电缆安装的工程量清单项目设置、项目特征描述的内容、计量单位及工程量计算规则应按表 4-36 执行。

电缆安装清单项目设置　　　　　　　　　　　　表 4-36

项目编码	项目名称	项目特征	计量单位	工程量计算规则	工作内容
030408001	电力电缆	1. 名称 2. 型号 3. 规格 4. 材质 5. 敷设方式、部位 6. 电压等级（kV） 7. 地形	m	按设计图示尺寸以长度计算（含预留长度及附加长度）	1. 电缆敷设 2. 揭（盖）盖板
030408002	控制电缆				

3. 定额使用说明

（1）矿物绝缘电力电缆敷设根据电缆敷设环境与电缆截面执行相应的电力电缆敷设定额与电缆头定额。矿物绝缘控制电缆敷设根据电缆敷设环境与电缆芯数执行相应的控制电缆敷设定额与电缆头定额。

（2）电缆敷设定额中综合考虑了电缆布放费用，当电缆布放穿过高度 >20m 的竖井时，按照穿过竖井电缆长度计算工程量，执行竖井通道内敷设电缆相应定额乘以系数 1.3。

（3）竖直通道内敷设电缆定额适用于单段高度 >3.6m 的竖井。在单段高度 ≤3.6m 的竖井内敷设电缆时，应执行"室内敷设电力电缆"相应定额。

（4）电缆在一般山地、丘陵地区敷设时，其定额人工乘以系数 1.30。该地段施工所需的额外材料（如固定桩、夹具等）应根据施工组织设计另行计算。

（5）电力电缆敷设定额是按照三芯（包括三芯连地）编制的，电缆每增加一芯相应定额增加 15%。单芯电力电缆敷设按照同截面电缆敷设定额乘以系数 0.7，两芯电缆按照三芯电缆定额执行。截面 400mm^2 以上至 800mm^2 的单芯电力电缆敷设，按照 400mm^2 电力电缆敷设定额乘以系数 1.35。截面 800mm^2 以上至 1600mm^2 的单芯电力电缆敷设，按照 400mm^2 电力电缆敷设定额乘以系数 1.85。

（6）电力电缆敷设套定额的截面指的是单芯最大截面，如 YJV–4×95mm^2 + 1×35mm^2 套电缆敷设定额单价时，应该是套用铜芯电缆截面为 95mm^2 的定额子目，而不是套用 415mm^2 电缆敷设的定额子目。

（7）电缆沟盖板揭、盖定额按盖板长度分档执行相应的项目，纳入电缆安装清单项目中。

◆ 例 4.19　根据例 4.18 的计算结果，套用相关定额子目，计算电缆安装定额费用。

※解※

套用相关定额子目，见表 4-37。

电缆安装的定额费用　　　　　　　　　　　　　　　　表 4-37

定额编号	项目名称	计量单位	① 工程数量	② 定额综合基价/元	③ 合价/元 ③=①×②	④ 主材名称	单位	主材数量	⑤ 主材单价/元	⑥ 主材合价/元 ⑥=④×⑤	⑦ 定额合价/元 ⑦=③+⑥
CD0737	铜芯电力电缆敷设电缆截面（mm^2）≤120	10m	1.64	140.18	229.90	电力电缆	m	16.564	361.10	5981.26	229.90 +5981.26 =6211.16

◆ 例 4.20　根据例 4.18 和例 4.19 的计算结果，编制电缆安装工程量清单，计算清单项目的合价。

※解※

1）由表 4-36、表 4-37 可知，本例的工程量清单见表 4-38。

电缆安装的工程量清单　　　　　　　　　　　　　　　　表 4-38

项目编码	项目名称	项目特征	计量单位	工程量
030408001001	电力电缆	1. 名称：电力电缆 2. 型号：VV 3. 规格：3×95mm^2 + 3×50mm^2 4. 材质：铜芯 5. 敷设方式、部位：穿管敷设 6. 电压等级：1kV	m	16.40

2）通过对比《通用安装工程工程量计算规范》（GB 50856—2013）附录 D 相关项目和《四川省建设工程工程量清单计价定额——通用安装工程》（2020） D 分册定额相关子目的工作内容，可知清单项目 030408001001 对应于定额子目 CD0737。清单项目和定额子目的关系见表 4-39。

清单项目和定额子目的关系 表 4-39

项目编码	项目名称	项目特征	对应定额子目
030408001001	电力电缆	1. 名称：电力电缆 2. 型号：VV 3. 规格：$3 \times 95mm^2 + 3 \times 50mm^2$ 4. 材质：铜芯 5. 敷设方式、部位：穿管敷设 6. 电压等级：1kV	CD0737

3）定额子目的信息见表 4-40。

定额子目的信息 表 4-40

定额编号	项目名称	单位	综合基价（元）	其中					未计价材料		
				人工费	材料费	机械费	管理费	利润	名称	单位	数量
CD0737	铜芯电力电缆敷设电缆截面（mm²）≤120	10m	140.18	91.38	20.11	6.40	6.84	15.45	电力电缆	m	10.100

清单项目的合价为：

（14.018 + 1.01 × 361.1）× 16.4 = 6211.16 元

4.4.7.2 电缆终端头与中间头

1. 工程量计算规则

（1）清单工程量计算规则

电力电缆头、控制电缆头，以"个"计量，按设计图示数量计算。

（2）定额工程量计算规则

1）电缆头制作安装根据电压等级与电缆头形式及电缆截面，按照设计图示单根电缆接头数量以"个"为计量单位。

2）电力电缆和控制电缆均按照一根电缆有两个终端头计算。

3）电力电缆中间头按照设计规定计算；设计没有规定的以单根长度 400m 为标准，每增加 400m 计算一个中间头，增加长度 <400m 时计算一个中间头。

◆ 例 4.21　计算图 4-6 中干包式电缆终端头的工程量。

※解※_____

由图 4-7 可知，户内干包式终端头 VV–3×95mm² + 2×50mm²：　2 个

2. 清单使用说明

根据《通用安装工程工程量计算规范》（GB 50856—2013）附录 D.8 的规定，电缆头安装的工程量清单项目设置、项目特征描述的内容、计量单位及工程量计算规则应按表 4-41 执行。

电缆头安装清单项目设置　　表 4-41

项目编码	项目名称	项目特征	计量单位	工程量计算规则	工作内容
030408006	电力电缆头	1. 名称 2. 型号 3. 规格 4. 材质、类型 5. 安装部位 6. 电压等级（kV）	个	按设计图示数量计算	1. 电力电缆头制作 2. 电力电缆头安装 3. 接地
030408007	控制电缆头	1. 名称 2. 型号 3. 规格 4. 材质、类型 5. 安装方式			

3. 定额使用说明

（1）电缆头制作安装定额中包括镀锡裸铜线、扎索管、接线端子、压接管、螺栓等消耗性材料。定额不包括终端盒、中间盒、保护盒、插接式成品头、铅套管主材及支架安装。电缆头制作安装芯数按电缆敷设芯数调整系数执行。

（2）双屏蔽电缆头制作安装执行相应定额人工乘以系数 1.05。

◆ 例 4.22　根据例 4.21 的计算结果，套用相关定额子目，计算电缆头安装定额费用。

※解※

套用相关定额子目，见表 4-42。

电缆头安装的定额费用　　表 4-42

定额编号	项目名称	计量单位	① 工程数量	② 定额综合基价/元	③ 合价/元 ③=①×②	④ 主材名称	主材数量	单位	⑤ 主材单价/元	⑥ 主材合价/元 ⑥=④×⑤	⑦ 定额合价/元 ⑦=③+⑥
CD0822	1kV 以下室内干包式铜芯电力电缆，电缆截面（mm²）≤120	个	2	198.45	396.90	—	—	—	—	—	396.90

◆ 例 4.23　根据例 4.21 和例 4.22 的计算结果，编制电缆头安装工程量清单，计算电缆头清单项目的合价。

※解※

1）由表 4-41、表 4-42 可知，本例的工程量清单见表 4-43。

电缆头安装的工程量清单 　　　　　表 4-43

项目编码	项目名称	项目特征	计量单位	工程量
030408006001	电力电缆头	1. 名称：电力电缆终端头 2. 型号：VV 3. 规格：3×95mm² + 3×50mm² 4. 材质：铜芯、干包式 5. 安装部位：室内 6. 电压等级：1kV	个	2

2）通过对比《通用安装工程工程量计算规范》（GB 50856—2013）附录 D.8 相关项目和《四川省建设工程工程量清单计价定额——通用安装工程》（2020） D 分册定额相关子目的工作内容，可知清单项目 030408006001 对应于定额子目 CD0822。清单项目和定额子目的关系见表 4-44。

清单项目和定额子目的关系 　　　　　表 4-44

项目编码	项目名称	项目特征	对应定额子目
030408006001	电力电缆头	1. 名称：电力电缆终端头 2. 型号：VV 3. 规格：3×95mm² + 3×50mm² 4. 材质：铜芯、干包式 5. 安装部位：室内 6. 电压等级：1kV	CD0822

3）定额子目的信息见表 4-45。

定额子目的信息 　　　　　表 4-45

定额编号	项目名称	单位	综合基价（元）	其中					未计价材料		
				人工费	材料费	机械费	管理费	利润	名称	单位	数量
CD0822	电力电缆终端头制作安装，1kV 以下室内干包式铜芯电力电缆，电缆截面（mm²）≤120	个	198.45	84.90	94.20	—	5.94	13.41	—	—	—

清单项目的合价为： 198.45×2＝396.90 元

4.4.7.3 电缆沟挖填土石方

1. 工程量计算规则

（1）清单工程量计算规则

电缆土方按《房屋建筑与装饰工程工程量计算规范》（GB 50854—2013）编码列项。

1）以"m"计量，按设计图示以管道中心线长度计算。

2）以"m³"计量，按设计图示管底垫层面积乘以挖土深度计算；无管底垫层时，按管外径的水平投影面积乘以挖土深度计算。不扣除各类井的长度，井的土方并入。

3）铺砂、盖保护板（砖）以"m"计量，按设计图示尺寸以长度计算。

（2）定额工程量计算规则

1）直埋电缆挖、填土方

①1~2根电缆的电缆沟挖方断面见图4-7，沟上部宽600mm，沟下部宽400mm，沟深900mm，每米沟长的土方量为0.45m³。

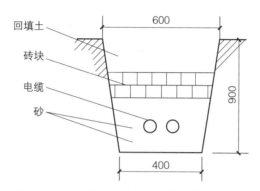

图4-7 1~2根电缆的电缆沟挖方断面（单位：mm）

②当直埋的电缆根数超过2根时，每增加1根电缆，沟底宽增加0.17m，每米沟长即增加土石方量0.153m³。直埋电缆的挖填土石方量见表4-46。

直埋电缆的挖填土石方量　　　　　　　　　　表4-46

项目	电缆根数	
	1~2	每增1根
每米沟长挖方量／m³	0.45	0.153

注：以上土方量是按埋深从自然地坪起算，当设计埋深超过900mm时，多挖的土方量应另行计算。

2）电缆保护管挖、填土方

电缆保护管地下敷设，其土石方量施工有设计图纸的，按照设计图纸计算；无设计图纸的，沟深按照0.9m计算；沟宽按照保护管边缘每边各增加0.3m工作面计算。其计算公式为

$$V = (D + 2 \times 0.3)hL$$

式中　D——保护管外径（m）；

　　　h——沟深（m）；

　　　L——沟长（m）；

　　　0.3——工作面尺寸（m）。

3）电缆沟揭、盖、移动盖板根据施工组织设计，以揭一次与盖一次或者移出一次与移

回一次为计算基础，按照实际揭与盖或移出与移回的次数乘以其长度，以"m"为计量单位。

4）铺砂、盖砖，按照电缆"1~2根"和"每增1根"列项，分别以沟长度"10m"为计量单位。

◆ 例4.24 某工程3根电缆并行直埋敷设，单根电缆长度为150m，计算直埋电缆的土方量和铺砂、盖砖的工程量。

※解※_____

由表4-46计算，直埋电缆的土方量为：

（0.45+0.153）×150 = 90.45m³

铺砂、盖砖的工程量为： 150m

2. 清单使用说明

根据《通用安装工程工程量计算规范》（GB 50856—2013）的规定，管沟土方、铺砂、盖砖的工程量清单项目设置、项目特征描述的内容、计量单位及工程量计算规则应按表4-47执行。

土方、铺砂、盖砖清单项目设置　　　　　　　　　　　　表4-47

项目编码	项目名称	项目特征	计量单位	工程量计算规则	工作内容
010101007	管沟土方	1. 土壤类别 2. 管外径 3. 挖沟深度 4. 回填要求	1. m 2. m³	1. 以米计量，按设计图示以管道中心线长度计算 2. 以立方米计量，按设计图示管底垫层面积乘以挖土深度计算；无管底垫层时，按管外径的水平投影面积乘以挖土深度计算。不扣除各类井的长度，井的土方并入	1. 排地表水 2. 土方开挖 3. 围护（挡土板）、支撑 4. 运输 5. 回填
030408005	铺砂、盖保护板（砖）	1. 种类 2. 规格	m	按设计图示尺寸以长度计算	1. 铺砂 2. 盖板（砖）

3. 定额使用说明

（1）开挖与修复、沟槽挖填适用于电气管道沟等电气工程（除10kV以下架空配电线路）的挖填工作。

（2）沟槽挖填定额包括土石方开挖、回填、余土外运等，适用于电缆保护管土石方施工。定额是按照人工施工考虑的，工程实际采用机械施工时，执行人工施工定额，不做调整。

（3）揭、盖、移动盖板定额综合考虑了不同的工序，执行定额时不因工序的多少而调整。

◆ 例4.25 根据例4.24的计算结果，套用相关定额子目，计算土方和铺砂、盖砖定额费用。

※解※

套用相关定额子目，见表 4-48。

土方、铺砂、盖砖的定额费用　　　　　表 4-48

定额编号	项目名称	计量单位	① 工程数量	② 定额综合基价 /元	③ 合价/元 ③=① ×②	主材名称	④ 主材数量	单位	⑤ 主材单价/元	⑥ 主材合价 /元 ⑥=④ ×⑤	⑦ 定额合价/元 ⑦=③+⑥
CD0653	沟槽挖填普通土	m³	90.45	61.72	5582.57	—	—	—	—	—	5582.57
CD0659	铺砂、盖砖电缆 1~2 根	10m	15.00	209.26	3138.90	—	—	—	—	—	3138.90
CD0660	铺砂、盖砖每增加 1 根	10m	15.00	76.22	1143.30	—	—	—	—	—	1143.30

◆ 例 4.26　根据例 4.24 和例 4.25 的计算结果，编制土方、铺砂、盖砖工程量清单，计算各清单项目的合价。

※解※

1）由表 4-47、表 4-48 可知，本例的工程量清单见表 4-49。

土方、铺砂、盖砖的工程量清单　　　　　表 4-49

项目编码	项目名称	项目特征	计量单位	工程量
010101007001	管沟土方	1. 土壤类别：一般土质 2. 挖沟深度：0.9m 3. 回填要求：夯填	m³	90.45
030408005001	铺砂、盖保护板（砖）	1. 种类：铺砂、盖砖 2. 规格：3 根直埋电缆	m	150.00

2）通过对比《通用安装工程工程量计算规范》（GB 50856—2013）相关项目和《四川省建设工程量清单计价定额——通用安装工程》（2020）　D 分册定额相关子目的工作内容，可知清单项目 010101007001 对应于定额子目 CD0653，清单项目 030408005001 对应于定额子目 CD0659 和 CD0660。清单项目和定额子目的关系见表 4-50。

清单项目和定额子目的关系　　　　　表 4-50

项目编码	项目名称	项目特征	对应定额子目
010101007001	管沟土方	1. 土壤类别：一般土质 2. 挖沟深度：0.9m 3. 回填要求：夯填	CD0653

项目编码	项目名称	项目特征	对应定额子目
030408005001	铺砂、盖保护板（砖）	1. 种类：铺砂、盖砖 2. 规格：3根直埋电缆	CD0659 CD0660

3）定额子目的信息见表4-51。

定额子目的信息　　　　　表4-51

定额编号	项目名称	单位	综合基价（元）	其中					未计价材料		
				人工费	材料费	机械费	管理费	利润	名称	单位	数量
CD0653	沟槽填挖　普通土	m³	61.72	40.44	0.02	9.80	3.52	7.94	—	—	—
CD0659	铺砂、盖砖电缆1~2	10m	209.26	34.23	167.22	—	2.40	5.41	—	—	—
CD0660	铺砂、盖砖每增加一根	10m	76.22	9.99	63.95	—	0.70	1.58	—	—	—

清单项目的合价为：

010101007001：　61.72×90.45＝5582.57元

030408005001：（20.926+7.622）×150＝4282.20元

4.4.7.4　电缆保护管敷设

1. 工程量计算规则

（1）清单工程量计算规则

电缆保护管以"m"计量，按设计图示尺寸以长度计算。

（2）定额工程量计算规则

1）电缆保护管铺设根据电缆敷设路径，应区别不同敷设方式、敷设位置、管材材质、规格，按照设计图示敷设数量以"m"为计量单位。

2）计算电缆保护管长度时，设计无规定者按照以下规定增加保护管长度：

①横穿马路时，按照路基宽度两端各增加2m。

②保护管需要出地面时，弯头管口距地面增加2m。

③穿过建（构）筑物外墙时，从基础外缘起增加1m。

④穿过沟（隧）道时，从沟（隧）道壁外缘起增1m。

2. 清单使用说明

根据《通用安装工程工程量计算规范》（GB 50856—2013）附录D.8的规定，电缆保护管的工程量清单项目设置、项目特征描述的内容、计量单位及工程量计算规则应按表4-52

执行。入室后需要敷设电缆保护管时，执行"配管工程"相应清单项目。

电缆保护管清单项目设置　　　表 4-52

项目编码	项目名称	项目特征	计量单位	工程量计算规则	工作内容
030408003	电缆保护管	1. 名称 2. 材质 3. 规格 4. 敷设方式	m	按设计图示尺寸以长度计算	保护管敷设

3. 定额使用说明

入室后需要敷设电缆保护管时，执行 D 分册"D. 12　配管工程"相应定额。

（1）电缆保护管铺设定额分为地下铺设、地上铺设两个部分。

（2）地下铺设部分人工或机械铺设、铺设深度，均执行定额，不作调整。

（3）地下顶管、拉管定额不包括入口、出口施工，应根据施工措施方案进行计算。

（4）地上铺设保护管定额不分角度与方向，综合考虑了不同壁厚与长度，执行定额时不作调整。

（5）多孔梅花管安装执行相应的 UPVC 管定额。

4.4.7.5　电缆支架

1. 工程量计算规则

（1）清单工程量计算规则

铁构件以"kg"为计量单位，按设计图示尺寸以质量计算。

（2）定额工程量计算规则

电缆桥架支撑架、沿墙支架、铁构件的制作与安装，按照设计图示安装成品重量以"t"为计量单位。

2. 清单使用说明

根据《通用安装工程工程量计算规范》 GB 50856—2013 附录 D. 13 的规定，电缆支架的工程量清单项目设置、项目特征描述的内容、计量单位及工程量计算规则应按表 4-53 执行。

电缆支架清单项目设置　　　表 4-53

项目编码	项目名称	项目特征	计量单位	工程量计算规则	工作内容
030413001	铁构件	1. 名称 2. 材质 3. 规格	kg	按设计图示尺寸以质量计算	1. 制作 2. 安装 3. 补刷（喷）油漆

3. 定额使用说明

（1）铁构件制作与安装定额适用于本分册范围内除电缆桥架支撑架以外的各种支架、构件的制作与安装。

（2）铁构件制作定额不包括镀锌、镀锡、镀铬、喷塑等其他金属防护费用，工程实际发生时，执行相关定额另行计算。

（3）轻型铁构件是指铁构件的主体结构厚度≤3mm 的铁构件。单件重量＞100kg 的铁构件安装执行 C 分册《静止设备与工艺金属结构制作安装工程》相应定额。

4.4.7.6 电缆防火处理

1. 工程量计算规则

（1）清单工程量计算规则

1）防火堵洞以"处"计量，按设计图示数量计算。

2）防火隔板以"m²"计量，按设计图示尺寸以面积计算。

3）防火涂料以"kg"计量，按设计图示尺寸以质量计算。

（2）定额工程量计算规则

1）防火堵料以"t"为计量单位。

2）防火隔板以"m²"为计量单位。

3）防火涂料以"kg"为计量单位。

2. 清单使用说明

根据《通用安装工程工程量计算规范》（GB 50856—2013）附录 D.8 的规定，电缆防火处理的工程量清单项目设置、项目特征描述的内容、计量单位及工程量计算规则应按表 4-54 执行。

电缆防火处理清单项目设置 表 4-54

项目编码	项目名称	项目特征	计量单位	工程量计算规则	工作内容
030408008	防火堵洞	1. 名称 2. 材质 3. 方式 4. 部位	处	按设计图示数量计算	安装
030408009	防火隔板		m²	按设计图示尺寸以面积计算	
030408010	防火涂料		kg	按设计图示尺寸以质量计算	

3. 定额使用说明

电缆防火涂料适用于电缆刷防火涂料。桥架及管道刷防火涂料执行 M 分册《刷油、防腐蚀、绝热工程》相应定额。

4.4.8 配管配线

4.4.8.1 配管

1. 工程量计算规则

（1）清单工程量计算规则

配管、线槽、桥架以"m"计量，按设计图示尺寸以长度计算。配管、线槽安装不扣除管路中间的接线箱（盒）、灯头盒、开关盒所占长度。

（2）定额工程量计算规则

1）配管敷设根据配管材质与直径，区别敷设位置、敷设方式，按照设计图示安装数量以"10m"为计量单位。计算长度时，不扣除管路中间的接线箱、接线盒、灯头盒、开关盒、插座盒、管件等所占长度。

2）各种配管工程均不包括管子本身的材料价值，应按施工图设计用量乘以定额规定消耗系数和工程所在地材料预算价格另行计算。

3）计算方法：先干管、后支管，按楼层、供电系统各回路逐条列式计算。

$$管长 = 水平长 + 垂直长$$

①水平方向敷设的线管工程量计算。以施工平面布置图的线管走向和敷设部位为依据，以各配件安装平面位置的中心点为基准点，用比例尺测水平长度，或者借用建筑物平面图所标墙、柱轴线尺寸和实际到达位置进行线管长度的计算。

②垂直方向敷设的线管工程量计算。垂直方向的管一般沿墙、柱引上或引下，其工程量计算与楼层高度、板厚及箱、柜、盘、板、开关等设备安装高度有关，以标高差计算垂直长度。线管垂直长度计算示意图如图4-8所示。

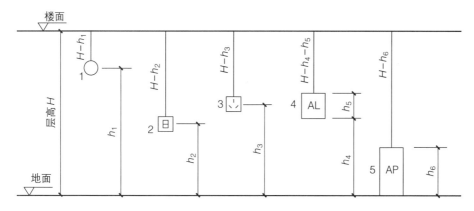

图4-8 线管垂直长度计算示意

4）配管工程均未包括接线箱（盒）、支架制作、安装，钢索架设及拉紧装置的制作、安装，应另列项计算。

5）接线盒安装工程量，区分接线盒材质，分明装、暗装及钢索上接线盒，分别以"个"为计量单位，接线盒价值另行计算，计算时应注意以下内容：

①接线盒安装发生在管线分支处或管线转弯处时按要求计算接线盒工程量。

②线管敷设超过下列长度时，中间应加接线盒：管子长度每超过30m无弯时；管子长度每超过20m中间有一个弯时；管子长度每超过15m中间有两个弯时；管子长度每超过8m中间有3个弯时。

◆ 例 4.27　某房间照明平面如图 4-9 所示，照明配电箱嵌墙安装，底边距地 1.5m，开关距地 1.4m 暗装，双管荧光灯吸顶安装，层高为 3.8m，导线根数与管径对应表见表 4-55，图内括号内数据为水平长度，单位为 m，计算电气配管、接线盒的清单工程量。

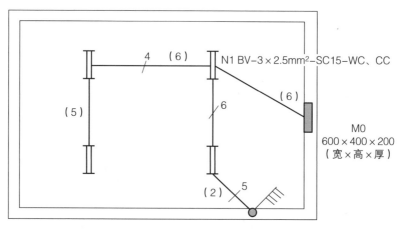

图 4-9　某房间照明平面

导线根数与管径对应　　　　　　　　　　　　　　表 4-55

BV—2.5mm²	2~3	4~5	6~7
钢管	SC15	SC20	SC25

※解※

计算方法：从配电箱出发，沿回路计算，标注导线根数：＿＿ 表示 4 根线，＿＿ 表示 5 根线，～～ 表示 6 根线，未标注的表示 3 根线。

（3.8-1.5-0.4）+6+6+5+5+开关 [2+（3.8-1.4）] = 12.9+6+5+4.4 = 28.3m

由表 4-55 可得：

SC15：　12.9m

SC20：　10.4m

SC25：　5m

灯头盒：　4个

开关盒：　1个

2. 清单使用说明

根据《通用安装工程工程量计算规范》（GB 50856—2013）附录 D.11 的规定，电气配管的工程量清单项目设置、项目特征描述的内容、计量单位及工程量计算规则应按表 4-56 执行。

电气配管清单项目设置　　　　　　　　　　　　表 4-56

项目编码	项目名称	项目特征	计量单位	工程量计算规则	工作内容
030411001	配管	1. 名称 2. 材质 3. 规格 4. 配置形式 5. 接地要求 6. 钢索材质、规格	m	按设计图示尺寸以长度计算	1. 电线管路敷设 2. 钢索架设（拉紧装置安装） 3. 预留沟槽 4. 接地
030411006	接线盒	1. 名称 2. 材质 3. 规格 4. 安装形式	个	按设计图示数量计算	本体安装

3. 定额使用说明

（1）配管定额中钢管材质是按照镀锌钢管考虑的，定额不包括焊接钢管刷油漆、刷防火漆或防火涂料、管外壁防腐保护以及接线、接线盒、支架的制作与安装。焊接钢管刷油漆、刷防火漆或涂防火涂料、管外壁防腐保护执行 M 分册《刷油、防腐蚀、绝热工程》相应定额；接线箱、接线盒安装执行 D 分册"D.13 配线工程"相应定额；支架的制作与安装执行 D 分册"D.16　金属构件及辅助项目安装工程"相应定额。

（2）工程采用镀锌电线管时，执行镀锌钢管定额计算安装费。

（3）工程采用扣压式薄壁钢导管（KBG）时，执行套接紧定式镀锌钢导管（JDG）定额计算安装费；扣压式薄壁钢导管（KBG）主材费按照镀锌钢管用量另行计算。计算其主材费时，管件按实际用量乘 1.03（损耗率）计算。

（4）定额中刚性阻燃管为刚性 PVC 难燃线管，管材长度一般为 4m/根，管子连接采用专用接头插法连接，接口密封；半硬质塑料管为阻燃聚乙烯软管，管子连接采用自制套管接头抹塑料胶后粘接。工程实际安装与定额不同时，执行定额不做调整。

（5）配管定额是按照各专业间配合施工考虑的，定额中不考虑凿槽、刨沟、凿孔（洞）等费用，剔、凿、创、堵槽（沟）、压（留）槽、预留孔洞、堵洞、打洞执行本定额 N 分册《通用项目及措施项目》相应定额。

（6）钢管敷设，若设计或质检部门要求采用专用接地卡时，按实计算专用接地卡材料费。

（7）接线箱、接线盒安装及盘柜配线定额适用于电压等级 ≤380V 的电压等级用电系统。

（8）灯具接线盒执行接线盒子目。

（9）墙内接线盒延接边框定额乘以系数 1.8。

（10）在预制叠合楼板（PC）上现浇混凝土内预埋电气配管，执行相应电气配管砖混凝土结构暗配定额，定额人工费乘以系数 1.3，其余不变。

◆ 例 4.28 根据例 4.27 的计算结果，套用相关定额子目，计算电气配管、接线盒定额费用。

※解※

套用相关定额子目，见表 4-57。

电气配管、接线盒的定额费用 表 4-57

定额编号	项目名称	计量单位	① 工程数量	② 定额综合基价/元	③ 合价/元 ③=①×②	主材名称	④ 主材数量	单位	⑤ 主材单价/元	⑥ 主材合价/元 ⑥=④×⑤	⑦ 定额合价/元 ⑦=③+⑥
CD1409	砖、混凝土结构暗配公称直径（DN）≤15	10m	1.29	77.72	100.26	镀锌钢管	13.287	m	4.88	64.84	100.26+64.84 =165.10
CD1410	砖、混凝土结构暗配公称直径（DN）≤20	10m	1.04	80.14	83.35	镀锌钢管	10.712	m	6.36	68.13	83.35+68.13 =151.48
CD1411	砖、混凝土结构暗配公称直径（DN）≤25	10m	0.50	106.56	53.28	镀锌钢管	5.150	m	10.71	55.16	53.28+55.16 =108.44
CD1825	暗装接线盒	个	4	5.50	22.00	接线盒	4.080	个	2.00	8.16	22.00+8.16 =30.16
CD1824	暗装开关（插座）盒	个	1	5.22	5.22	接线盒	1.020	个	2.00	2.04	5.22+2.04 =7.26

◆ 例 4.29 根据例 4.27 和例 4.28 的计算结果，编制电气配管、接线盒的工程量清单，计算各清单项目的综合单价和合价。

※解※

1）由表 4-56、表 4-57 可知，本例的工程量清单见表 4-58。

电气配管、接线盒的工程量清单 表 4-58

项目编码	项目名称	项目特征	计量单位	工程量
030411001001	配管	1. 名称：电气配管 2. 材质：焊接钢管 3. 规格：DN15 4. 配置形式：砖、混凝土结构暗配	m	12.90
030411001002	配管	1. 名称：电气配管 2. 材质：焊接钢管 3. 规格：DN20 4. 配置形式：砖、混凝土结构暗配	m	10.40

续表

项目编码	项目名称	项目特征	计量单位	工程量
030411001003	配管	1. 名称：电气配管 2. 材质：焊接钢管 3. 规格：DN25 4. 配置形式：砖、混凝土结构暗配	m	5.00
030411006001	接线盒	1. 名称：灯具接线盒 2. 材质：钢制 3. 规格：86H 4. 安装形式：暗装	个	4
030411006002	接线盒	1. 名称：开关接线盒 2. 材质：钢制 3. 规格：86H 4. 安装形式：暗装	个	1

2）通过对比《通用安装工程工程量计算规范》（GB 50856—2013）附录 D 相关项目和
《四川省建设工程工程量清单计价定额——通用安装工程》（2020） D 分册定额相关子目的
工作内容，可知清单项目 030411001001 对应于定额子目 CD1409，清单项目 030411001002
对应于定额子目 CD1410，清单项目 030411001003 对应于定额子目 CD1411，清单项目
030411006001 对应于定额子目 CD1825，清单项目 030411006002 对应于定额子目 CD1824。
清单项目和定额子目的关系见表 4-59。

清单项目和定额子目的关系　　　　　　表 4-59

项目编码	项目名称	项目特征	对应定额子目
030411001001	配管	1. 名称：电气配管 2. 材质：焊接钢管 3. 规格：DN15 4. 配置形式：砖、混凝土结构暗配	CD1409
030411001002	配管	1. 名称：电气配管 2. 材质：焊接钢管 3. 规格：DN20 4. 配置形式：砖、混凝土结构暗配	CD1410
030411001003	配管	1. 名称：电气配管 2. 材质：焊接钢管 3. 规格：DN25 4. 配置形式：砖、混凝土结构暗配	CD1411
030411006001	接线盒	1. 名称：灯具接线盒 2. 材质：钢制 3. 规格：86H 4. 安装形式：暗装	CD1825
030411006002	接线盒	1. 名称：开关接线盒 2. 材质：钢制 3. 规格：86H 4. 安装形式：暗装	CD1825

3）定额子目的信息见表 4-60。

定额子目的信息 表 4-60

定额编号	项目名称	单位	综合基价（元）	其中					未计价材料		
				人工费	材料费	机械费	管理费	利润	名称	单位	数量
CD1409	砖、混凝土结构暗配公称直径（DN）≤15	10m	77.72	51.72	14.21	—	3.62	8.17	镀锌钢管	m	10.300
CD1410	砖、混凝土结构暗配公称直径（DN）≤20	10m	80.14	51.72	16.63	—	3.62	8.17	镀锌钢管	m	10.300
CD1411	砖、混凝土结构暗配公称直径（DN）≤25	10m	106.56	61.65	30.85	—	4.32	9.74	镀锌钢管	m	10.300
CD1825	暗装接线盒	个	5.50	3.45	1.26	—	0.24	0.55	接线盒	个	1.020
CD1824	暗装开关（插座）盒	个	5.22	3.81	0.54	—	0.27	0.60	接线盒	个	1.020

各清单项目的综合单价和合价分别为：

030411001001 综合单价： 7.772 + 1.03 × 4.88 = 12.80 元

合价：（7.772 + 1.03 × 4.88）× 12.9 = 165.10 元

030411001002 综合单价： 8.014 + 1.03 × 6.36 = 14.56 元

合价：（8.014 + 1.03 × 6.36）× 10.4 = 151.47 元

030411001003 综合单价： 10.656 + 1.03 × 10.71 = 21.69 元

合价：（10.656 + 1.03 × 10.71）× 5 = 108.44 元

030411006001 综合单价： 5.50 + 1.02 × 2.00 = 7.54 元

合价：（5.50 + 1.02 × 2.00）× 4 = 30.16 元

030411006002 综合单价： 5.22 + 1.02 × 2.00 = 7.26 元

合价：（5.22 + 1.02 × 2.00）× 1 = 7.26 元

4.4.8.2 桥架

1. 工程量计算规则

（1）清单工程量计算规则

桥架以"m"计量，按设计图示尺寸以长度计算。

（2）定额工程量计算规则

1）桥架安装根据桥架材质与规格，按照设计图示安装数量以"m"为计量单位。不扣除弯头、三通、四通等所占长度。

$$电缆桥架长 = 水平长 + 垂直长$$

2）组合式桥架安装按照设计图示安装数量以"片"为计量单位，复合支架安装按照设计图示安装数量以"副"为计量单位。

3）桥架的安装不包括托架、支架的安装，需另列项计算。

4）桥架跨接，接地线采用专用接地卡时，可按实计算专用接地卡材料费。

◆ 例 4.30 某低压配电室平面如图 4-10 所示，低压开关柜 M0（1000mm×2000mm×1000mm，宽×高×厚）落地安装，采用 10 号槽钢作为基础，配电箱 M1（800mm×600mm×200mm，宽×高×厚）嵌墙暗装，底边距地 1.5m，钢制托盘式桥架标高为 3.3m，桥架每 2m 设置一副支架，单个支架重 5kg，现场制作，括号内数字为水平长度，单位为 m。计算桥架及桥架支撑架的清单工程量。

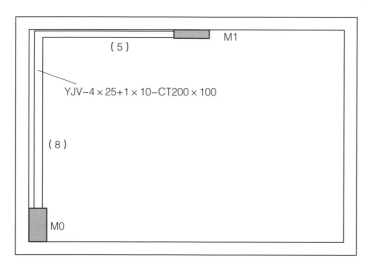

图 4-10 某低压配电室平面

※解※

钢制托盘式桥架 200mm×100mm 的清单工程量：

$$（3.3 - 2 - 0.1）+ 8 + 5 +（3.3 - 1.5 - 0.6）= 15.4m$$

桥架支撑架个数： 15.4/2≈8 副

桥架支撑架清单工程量： 8×5＝40kg

2. 清单使用说明

根据《通用安装工程工程量计算规范》（GB 50856—2013）附录 D 的规定，桥架的工程量清单项目设置、项目特征描述的内容、计量单位及工程量计算规则应按表 4-61 执行。

桥架清单项目设置 表 4-61

项目编码	项目名称	项目特征	计量单位	工程量计算规则	工作内容
030411003	桥架	1. 名称 2. 型号 3. 规格 4. 材质 5. 类型 6. 接地方式	m	按设计图示尺寸以长度计算	1. 本体安装 2. 接地
030413001	铁构件	1. 名称 2. 材质 3. 规格	kg	按设计图示尺寸以质量计算	1. 制作 2. 安装 3. 补刷（喷）油漆

3. 定额使用说明

（1）桥架安装定额包括组对、焊接、桥架本体开孔、隔板与盖板安装、接地、附件安装、修理等。定额不包括桥架支撑架安装及出线管开孔。定额综合考虑了螺栓、焊接和膨胀螺栓三种固定方式，实际安装与定额不同时不作调整。

（2）梯式桥架安装定额是按照不带盖考虑的，若梯式桥架带盖，则执行相应的槽式桥架定额。

（3）钢制桥架主结构设计厚度> 3mm 时，执行相应安装定额的定额人工费、定额机械费乘以系数 1.20。

（4）不锈钢桥架安装执行相应的钢制桥架定额乘以系数 1.10。

（5）电缆桥架安装定额是按照厂家供应成品安装编制的，若现场需要制作桥架时，应执行 D 分册"D.16 金属构件及辅助项目安装工程"相应定额。

（6）槽盒安装根据材质与规格，执行相应的槽式桥架安装定额，其中：定额人工费、定额机械费乘以系数 1.08。

◆ 例 4.31 根据例 4.30 的计算结果，套用相关定额子目，计算桥架、支撑架定额费用。

※解※

套用相关定额子目，见表 4-62。

桥架、支撑架的定额费用 表 4-62

定额编号	项目名称	计量单位	① 工程数量	② 定额综合基价/元	③ 合价/元 ③=①×②	主材名称	④ 主材数量	单位	⑤ 主材单价/元	⑥ 主材合价/元 ⑥=④×⑤	⑦ 定额合价/元 ⑦=③+⑥
CD1589	钢制托盘式桥架（宽+高 mm）≤400	10m	1.54	263.42	405.67	电缆桥架	15.554	m	72.00	1119.89	405.67+1119.89 =1525.56

续表

定额编号	项目名称	计量单位	① 工程数量	② 定额综合基价/元	③ 合价/元 ③=①×②	主材名称	④ 主材数量	单位	⑤ 主材单价/元	⑥ 主材合价/元 ⑥=④×⑤	⑦ 定额合价/元 ⑦=③+⑥
CD2303	电缆桥架支撑架制作	t	0.040	7083.30	283.33	型钢	42.00	kg	5.00	210.00	283.33+210.00 =493.33
CD2304	电缆桥架支撑架安装	t	0.040	4054.00	162.16	—	—	—	—	—	162.16

◆ 例 4.32　根据例 4.30 和例 4.31 的计算结果,编制桥架、桥架支撑架工程量清单,计算各清单项目的综合单价和合价。

※解※

1)由表 4-61、表 4-62 可知,本例的工程量清单见表 4-63。

桥架、支撑架的工程量清单　　　　　　　　　　　　表 4-63

项目编码	项目名称	项目特征	计量单位	工程量
030411003001	桥架	1. 名称:桥架 2. 规格:200mm×100mm 3. 材质:钢制 4. 类型:托盘式	m	15.40
030413001001	铁构件	1. 名称:桥架支撑架 2. 材质:型钢	kg	40.00

2)通过对比《通用安装工程工程量计算规范》(GB 50856—2013)附录 D 相关项目和《四川省建设工程工程量清单计价定额——通用安装工程》(2020)　D 分册定额相关子目的工作内容,可知清单项目 030411003001 对应于定额子目 CD1589,清单项目 030413001001 对应于定额子目 CD2303 和 CD2304。清单项目和定额子目的关系见表 4-64。

清单项目和定额子目的关系　　　　　　　　　　表 4-64

项目编码	项目名称	项目特征	对应定额子目
030411003001	桥架	1. 名称:桥架 2. 规格:200mm×100mm 3. 材质:钢制 4. 类型:托盘式	CD1589
030413001001	铁构件	1. 名称:桥架支撑架 2. 材质:型钢	CD2305 CD2306

3）定额子目的信息见表 4-65。

定额子目的信息　　　　　　　　　表 4-65

定额编号	项目名称	单位	综合基价（元）	其中					未计价材料		
				人工费	材料费	机械费	管理费	利润	名称	单位	数量
CD1589	钢制托盘式桥架（宽+高 mm）≤400	10m	263.42	194.94	12.84	9.12	14.28	32.24	电缆桥架	m	10.100
CD2303	电缆桥架支撑架制作	t	7083.30	4833.60	653.97	402.01	366.49	827.23	型钢	kg	1050.000
CD2304	电缆桥架支撑架安装	t	4054.00	2812.65	153.03	364.03	222.37	501.92	—	—	—

清单项目的综合单价和合价分别为：

030411003001 综合单价：　$26.342 + 1.010 \times 72 = 99.06$ 元

合价：$(26.342 + 1.010 \times 72) \times 15.4 = 1525.56$ 元

030413001001 综合单价：　$7.083 + 1.05 \times 5.00 + 4.054 = 16.39$ 元

合价：$(7.083 + 1.05 \times 5.00 + 4.054) \times 40 = 655.48$ 元

4.4.8.3　配线

1. 工程量计算规则

（1）清单工程量计算规则

配线以"m"计量，按设计图示尺寸以单线长度计算（含预留长度）。配线进入箱、柜、板的预留长度见表 4-66。

导线进入开关箱、柜及设备预留长度　　　　　　　　　表 4-66

序号	项目	每根线预留长度	说明
1	各种开关、柜、板	宽+高	盘面尺寸
2	单独安装（无箱、盘）的刀开关、启动器、母线槽进出线盒等	0.3m	从安装对象中心起
3	由地面管子出口引至动力接线箱	1.0m	从管口计算
4	电源与管内导线连接（管内穿线与软、硬母线接点）	1.5m	从管口计算
5	出户线	1.5m	从管口计算

（2）定额工程量计算规则

管内穿线根据导线材质与截面面积，区别照明线与动力线，按照设计图示安装数量以"10m"为计量单位；管内穿多芯软导线根据软导线芯数与单芯截面面积，按照设计图示安装数量以"10m"为计量单位。管内穿线工程量的计算方法如下：

管内穿线长度 =（配管长度 + 导线预留长度）× 同截面导线根数

说明：

1）管内穿线的线路分支接头线长度已综合考虑在定额中，不得另行计算。

2）灯具、开关、插座、按钮等器件预留线，已分别综合在相应项目内，不另行计算。如只配线未安装以上器件，每个器件按 0. 15m／根线计入配线工程量。

◆ 例 4. 33　某房间照明平面如图 4-9 所示，计算导线清单工程量。

※解※

导线 BV-2. 5mm² 清单工程量：

$$12.9 \times 3 + 6 \times 4 + 4.4 \times 5 + 5 \times 6 + (0.6 + 0.4) \times 3 = 117.7m$$

2. 清单使用说明

根据《通用安装工程工程量计算规范》（GB 50856—2013）附录 D. 11 的规定，导线的工程量清单项目设置、项目特征描述的内容、计量单位及工程量计算规则应按表 4-67 执行。

导线清单项目设置　　　　　　　　　　　　　表 4-67

项目编码	项目名称	项目特征	计量单位	工程量计算规则	工作内容
030411004	配线	1. 名称 2. 配线形式 3. 型号 4. 规格 5. 材质 6. 配线部位 7. 配线线制 8. 钢索材质、规格	m	按设计图示尺寸以单线长度计算（含预留长度）	1. 配线 2. 钢索架设（拉紧装置安装） 3. 支持体（夹板、绝缘子、槽板等）安装

3. 定额使用说明

（1）照明线路中导线截面面积 > 6mm² 时，执行"穿动力线"相应的定额。

（2）各种形式的配线（除有规定者外）子目中均未包括支架制作、钢索架设及拉紧装置制作安装。

◆ 例 4. 34　根据例 4. 33 的计算结果，套用相关定额子目，计算电气配线定额费用。

※解※

套用相关定额子目，见表 4-68。

电气配线的定额费用 表 4-68

定额编号	项目名称	计量单位	①工程数量	②定额综合基价/元	③合价/元 ③=①×②	主材名称	④主材数量	单位	⑤主材单价/元	⑥主材合价/元 ⑥=④×⑤	⑦定额合价/元 ⑦=③+⑥
CD1642	管内穿线 穿照明线 铜芯导线 截面（mm²）≤2.5	10m	11.77	12.34	145.24	绝缘电线 BV-2.5mm²	136.532	m	1.28	174.76	145.24+174.76 =320.00

◆ 例 4.35　根据例 4.33 和例 4.34 的计算结果，编制电气配线工程量清单，计算清单项目的综合单价和合价。

※解※

1）由表 4-67、表 4-68 可知，本例的工程量清单见表 4-69。

电气配线的工程量清单 表 4-69

项目编码	项目名称	项目特征	计量单位	工程量
030411004001	配线	1. 名称：管内穿线 2. 配线形式：管内穿线 3. 型号：BV 4. 规格：2.5mm² 5. 材质：铜芯	m	117.70

2）通过对比《通用安装工程工程量计算规范》（GB 50856—2013）附录 D 相关项目和《四川省建设工程工程量清单计价定额——通用安装工程》（2020）D 分册定额相关子目的工作内容，可知清单项目 030411004001 对应于定额子目 CD1642。清单项目和定额子目的关系见表 4-70。

清单项目和定额子目的关系 表 4-70

项目编码	项目名称	项目特征	对应定额子目
030411004001	配线	1. 名称：管内穿线 2. 配线形式：管内穿线 3. 型号：BV 4. 规格：2.5mm² 5. 材质：铜芯	CD1642

3）定额子目的信息见表 4-71。

定额子目的信息　　　　　　　　表 4-71

定额编号	项目名称	单位	综合基价（元）	其中					未计价材料		
				人工费	材料费	机械费	管理费	利润	名称	单位	数量
CD1642	管内穿线穿照明线铜芯导线截面（mm²）≤2.5	10m	12.34	9.18	1.07	—	0.64	1.45	绝缘电线	m	11.600

清单项目的综合单价和合价分别为：

综合单价：$1.234 + 1.16 \times 1.28 = 2.72$ 元

合价：$(1.234 + 1.16 \times 1.28) \times 117.7 = 320.00$ 元

4.4.9 照明器具 ··●

1. 工程量计算规则

（1）清单工程量计算规则

照明器具以"套"计量，按设计图示数量计算。

说明：👆

1）普通灯具包括圆球吸顶灯、半圆球吸顶灯、方形吸顶灯、软线吊灯、座灯头、吊链灯、防水吊灯、壁灯等。

2）工厂灯包括工厂罩灯、防水灯、防尘灯、碘钨灯、投光灯、泛光灯、混光灯、密闭灯等。

3）高度标志（障碍）灯包括烟囱标志灯、高塔标志灯、高层建筑屋顶障碍指示灯等。

4）装饰灯包括吊式艺术装饰灯、吸顶式艺术装饰灯、荧光艺术装饰灯、几何型组合艺术装饰灯、标志灯、诱导装饰灯、水下（上）艺术装饰灯、点光源艺术灯、歌舞厅灯具、草坪灯具等。

5）医疗专用灯包括病房指示灯、病房暗脚灯、紫外线杀菌灯、无影灯等。

6）中杆灯是指安装在高度≤19m 的灯杆上的照明器具。

7）高杆灯是指安装在高度＞19m 的灯杆上的照明器具。

（2）定额工程量计算规则

1）普通灯具安装根据灯具种类、规格，按照设计图示安装数量以"套"为计量单位。

2）吊式艺术装饰灯具安装根据装饰灯具示意图所示，区别不同装饰物以及灯体直径和灯体垂吊长度，按照设计图示安装数量以"套"为计量单位。

3）吸顶式艺术装饰灯具安装根据装饰灯具示意图所示，区别不同装饰物、吸盘几何形状、灯体直径、灯体周长和灯体垂吊长度，按照设计图示安装数量以"套"为计量单位。

4）荧光艺术装饰灯具安装根据装饰灯具示意图所示，区别不同安装形式和计量单位计算。

5）标志、诱导装饰灯具安装根据装饰灯具示意图所示，区别不同的安装形式，按照设计图示安装数量以"套"为计量单位。

6）荧光灯具安装根据灯具安装形式、灯具种类、灯管数量，按照设计图示安装数量以"套"为计量单位。

7）工厂灯及防水防尘灯安装根据灯具安装形式，按照设计图示安装数量以"套"为计量单位。

> 说明：🖑
>
> 每套灯具都要配一个灯头盒，灯头盒的安装要另列项计价。

◆ 例 4.36 某房间照明平面如图 4-9 所示，计算灯具的工程量。

※解※

由图可知，双管荧光灯的工程量： 4 套。

2. 清单使用说明

根据《通用安装工程工程量计算规范》（GB 50856—2013）附录 D.12 的规定，照明器具的工程量清单项目设置、项目特征描述的内容、计量单位及工程量计算规则应按表 4-72 执行。

照明器具清单项目设置 表 4-72

项目编码	项目名称	项目特征	计量单位	工程量计算规则	工作内容
030412001	普通灯具	1. 名称 2. 型号 3. 规格 4. 类型	套	按设计图示数量计算	本体安装
030412002	工厂灯	1. 名称 2. 型号 3. 规格 4. 安装形式			
030412003	高度标志（障碍）灯	1. 名称 2. 型号 3. 规格 4. 安装部位 5. 安装高度			
030412004	装饰灯	1. 名称 2. 型号 3. 规格 4. 安装形式			
030412005	荧光灯				

3. 定额使用说明

（1）灯具引导线是指灯具吸盘到灯头的连线，除注明者外，均按照灯具自备考虑。如引导线需要另行配置时其安装费不变，主材费另行计算。

（2）小区路灯、投光灯、氙气灯、烟囱或水塔指示灯的安装定额，考虑了超高安装（操作超高）因素，其他照明器具的安装高度> 5m 时，按照册说明中的规定另行计算超高安装增加费。

（3）装饰灯具安装（除标志、诱导灯具、水下艺术灯具、点光源艺术灯具、盆景花木装饰灯具）定额考虑了超高安装因素，并包括脚手架搭拆费用。装饰灯具项目中用 ϕ 表示灯体直径，用 L 表示垂吊长度。

（4）照明灯具安装除特殊说明外，均不包括支架制作安装。工程实际发生时，执行 D 分册 "D. 16 金属构件及辅助项目安装工程" 相应定额。

（5）灯具安装定额中灯槽、灯孔按照事先预留考虑。

◆ 例 4.37　根据例 4.36 的计算结果，套用相关定额子目，计算灯具定额费用。

※解※

套用相关定额子目，见表 4-73。

灯具的定额费用　　　　　　表 4-73

定额编号	项目名称	计量单位	① 工程数量	② 定额综合基价 / 元	③ 合价 / 元 ③=① ×②	④ 主材名称	主材数量	单位	⑤ 主材单价 / 元	⑥ 主材合价 / 元 ⑥=④ ×⑤	⑦ 定额合价 / 元 ⑦=③+⑥
CD2033	吸顶式双管荧光灯	套	4	28. 70	114. 80	成套灯具	4.040	套	43. 00	173. 72	114. 80 + 173. 72 = 288. 52

◆ 例 4.38　根据例 4.36 和例 4.37 的计算结果，编制灯具工程量清单，计算清单项目的综合单价和合价。

※解※

1）由表 4-72、表 4-73 可知，本例的工程量清单见表 4-74。

灯具的工程量清单　　　　　　表 4-74

项目编码	项目名称	项目特征	计量单位	工程量
030412005001	荧光灯	1. 名称：管内穿线 2. 型号：YG 3. 规格：2×20W 4. 安装形式：吸顶安装	套	4

2）通过对比《通用安装工程工程量计算规范》（ GB 50856—2013 ）附录 D 相关项目和

《四川省建设工程工程量清单计价定额——通用安装工程》（2020） D 分册定额相关子目的工作内容，可知清单项目 030412005001 对应于定额子目 CD2033。清单项目和定额子目的关系见表 4-75。

清单项目和定额子目的关系 表 4-75

项目编码	项目名称	项目特征	对应定额子目
030412005001	荧光灯	1. 名称：管内穿线 2. 型号：YG 3. 规格：2×20W 4. 安装形式：吸顶安装	CD2033

3）定额子目的信息见表 4-76。

定额子目的信息 表 4-76

定额编号	项目名称	单位	综合基价（元）	人工费	材料费	机械费	管理费	利润	名称	单位	数量
				其中					未计价材料		
CD2033	吸顶式双管荧光灯	套	28.70	19.77	4.43	—	1.38	3.12	成套灯具	套	1.01

清单项目的综合单价和合价分别为：

综合单价：28.70 + 1.01 × 43 = 72.13 元

合价：（28.70 + 1.01 × 43）× 4 = 288.52 元

4.4.10 电气调试

1. 工程量计算规则

（1）清单工程量计算规则

1）电力变压器系统、送配电装置系统、事故照明切换装置、不间断电源、硅整流设备、可控硅整流装置，以"系统"计量，按设计图示系统计算。

2）特殊保护装置，以"台"或"套"计量，按设计图示数量计算。

3）自动投入装置，以"系统""台"或"套"计量，按设计图示数量计算。

4）中央信号装置，以"系统"或"台"计量，按设计图示数量计算。

5）母线，以"段"计量，按设计图示数量计算。

6）避雷器、电容器、电除尘器，以"组"计量，按设计图示数量计算。

7）接地装置，以"系统"计量，按设计图示系统计算；或以"组"计量，按设计图示数量计算。

8）电抗器、消弧线圈，以"台"计量，按设计图示数量计算。

9）电缆试验，以"次""根"或"点"计量，按设计图示数量计算。

（2）定额工程量计算规则

1）供电桥回路的断路器、母线分段断路器，均按照独立的输配电设备系统计算调试费。

2）输配电设备系统调试是按照一侧有一台断路器考虑的，若两侧均有断路器时，则按照两个系统计算。

3）变压器系统调试是按照每个电压侧有一台断路器考虑的，若断路器多于一台时，则按照相应的电压等级另行计算输配电设备系统调试费。

4）自动投入装置系统调试包括继电器、仪表等元件本身和二次回路的调整试验。其工程量按照下列规定计算：

①备用电源自动投入装置按照连锁机构的个数计算自动投入装置的系统工程量。一台备用厂用变压器作为三段厂用工作母线备用电源，按照三个系统计算工程量。设置自动投入的两条互为备用的线路或两台变压器，按照两个系统计算工程量。备用电动机自动投入装置亦按此规定计算。

②线路自动重合闸系统调试按照采用自动重合闸装置的线路自动断路器的台数计算系统工程量。综合重合闸亦按此规定计算。

③自动调频装置系统调试以一台发电机为一个系统计算工程量。

④用电切换系统调试按照设计能够完成交直流切换的一套装置为一个系统计算工程量。

5）电动机负载调试是指电动机连带机械设备及装置一并进行调试。电动机负载调试根据电机的控制方式、功率按照电动机的台数计算工程量。

6）一般民用建筑电气工程中，配电室内带有调试元件的盘、箱、柜和带有调试元件的照明配电箱，应按照供电方式计算输配电设备系统调试数量。用户所用的配电箱供电不计算系统调试费。电量计量表一般是由供应单位经有关检验校验后进行安装，不计算调试费。

7）接地网测试：

①接地网接地电阻的测定：一般的发电厂或变电站连为一体的母网，按一个系统计算；自成母网不与厂区母网相连的独立接地网，另按一个系统计算。

②工厂、车间、大型建筑群各有自己的接地网（接地电阻值设计有要求），虽然在最后也将各接地网连在一起，但应按各自的接地网计算，不能作为一个网，具体应按接地网的接地情况（独立的单位工程），套用接地调试定额。

③利用基础钢筋作接地和接地极形成网系统的，应按接地网电阻测试以"系统"为单位计算。建筑物、构筑物、电杆等利用户外接地母线敷设（接地电阻值设计有要求的），应按各自的接地测试点（以断接卡为准）以"组"为单位计算。如工程中同时具有上述情况，则分别计算。

④避雷针接地电阻的测定：每一避雷针均有单独接地网（包括独立的避雷针、烟囱避

雷针等）时，均按一组计算。

⑤独立的接地装置按组计算。如一台柱上变压器有一个独立的接地装置，即按一组计算。

⑥配电室自成母网不与工程项目母网相连的独立接地网，单独计算一个系统测试工程量。

2. 清单使用说明

根据《通用安装工程工程量计算规范》（GB 50856—2013）附录 D.14 的规定，电气调整试验的工程量清单项目设置、项目特征描述的内容、计量单位及工程量计算规则应按表 4-77 执行。

电气调整试验清单项目设置 表 4-77

项目编码	项目名称	项目特征	计量单位	工程量计算规则	工作内容
030414001	电力变压器系统	1. 名称 2. 型号 3. 容量（kVA）	系统	按设计图示系统计算	系统调试
030414002	送配电装置系统	1. 名称 2. 型号 3. 电压等级（kV） 4. 类型			
030414003	特殊保护装置	1. 名称 2. 类型	台（套）	按设计图示数量计算	调试
030414004	自动投入装置		系统 台（套）		
030414005	中央信号装置	1. 名称 2. 类型	系统 （台）		
030414006	事故照明切换装置				
030414007	不间断电源	1. 名称 2. 类型 3. 容量	系统	按设计图示系统计算	
030414008	母线	1. 名称 2. 电压等级（kV）	段	按设计图示数量计算	
030414009	避雷器		组		
030414010	电容器				
030414011	接地装置	1. 名称 2. 类别	1. 系统 2. 组	1. 以系统计量，按设计图示系统计算 2. 以组计量，按设计图示数量计算	接地电阻调试

3. 定额使用说明

（1）输配电装置系统调试中电压等级≤1kV 的定额适用于所有低压供电回路，如从低压配电装置至分配电箱的供电回路（包括照明供电回路）；从配电箱直接至电动机的供电回路已经包括在电动机的负载系统调试定额内。凡供电回路中带有仪表、继电器、电磁开关等调试元件的（不包括刀开关、保险器），均按照调试系统计算。输配电设备系统调试包括系统内的电试验、绝缘耐压试验等调试工作。桥形接线回路中的断路器、母线分段接线回路中断路器均作为独立的供电系统计算。配电箱内只有开关、熔断器等不含调试元件的供电回路，则不再作为调试系统计算。

（2）移动式电器、以插座连接的家用电器设备及电量计量装置，不计算调试费用。

（3）定额是按照新的且合格的设备考虑的。当调试经更换修改的设备、拆迁的旧设备时，定额乘以系数 1.15。

（4）调试带负荷调压装置的电力变压器时，调试定额乘以系数 1.12；三线变压器、整流变压器、电炉变压器调试按照同容量的电力变压器调试定额乘以系数 1.2。

（5）3~10kV 的母线系统调试定额中包含一组电压互感器，电压等级 ≤3kV 的母线系统调试定额中不包含电压互感器，定额适用于低压配电装置的各种母线（包括软母线）的调试。

（6）低压交流异步电动机调试：可调试控制的电机（带一般调速的电机、可逆式控制、带能耗制动的电机、多速机、降压起动电机）按相应子目乘以系数 1.3。电动机调试子目的每一系统是按一台电动机考虑的，如一个控制回路有两台以上电机时，再增加一台电机调试子目乘以系数 1.2。

第5章 电气工程招标

5.1 电气工程招标概述

5.1.1 招标相关概念

招标是一种特殊的交易方式和订立合同的特殊程序。在国际贸易中，目前已有许多领域采用这种方式，并已逐步形成了许多国际惯例。从发展趋势看，招标与投标的领域还在继续拓宽，规范化程度也在进一步提高。在商业贸易中，特别是在国际贸易中，大宗商品的采购或大型建设项目承包等，通常不采用一般的交易程序，而是按照预先规定的条件，对外公开邀请符合条件的国内外制造商或承包商报价投标，最后由招标人从中选出价格和条件优惠的投标者，与之签订合同。在这种交易中，对采购商（或采购机构）来说，他们进行的业务是招标；对承包商（或出口商）来说，他们进行的业务是投标。招标概念有广义与狭义之分。广义的招标是指由招标人发出招标公告或通知，邀请潜在的投标商进行投标，最后由招标人通过对各投标人所提出的价格、质量、交货期限和该投标人的技术水平、财务状况等因素进行综合比较，确定其中最佳的投标人为中标人，并与之最终签订合同的过程。当人们笼统地提招标时，通常指广义的招标。狭义的招标是指招标人根据自己的需要，提出一定的标准或条件，向潜在投标商发出投标邀请的行为。

5.1.2 招标范围

5.1.2.1 强制招标范围规定

根据《中华人民共和国招标投标法》（下简称《招标投标法》）规定，在中华人民共和国境内进行下列工程建设项目的勘察、设计、施工、监理以及与工程建设有关的重要设备、材料等的采购，必须进行招标：

（1）大型基础设施、公用事业等关系社会公共利益、公众安全的项目。

（2）全部或者部分使用国有资金投资或者国家融资的项目。

（3）使用国际组织或者外国政府贷款、援助资金的项目。

上面所列项目的具体范围和规模标准，《工程建设项目招标范围和规模标准规定》做出了具体规定。

2000 年 5 月 1 日依据《招标投标法》的规定颁布了《工程建设项目招标范围和规模标准规定》，对必须招标的工程建设项目的具体范围和规模做出了进一步细化的规定。

1. 关系社会公共利益、公众安全的基础设施项目的范围

（1）煤炭、电力、新能源等能源生产和开发项目。

（2）铁路、公路、管道、航空以及其他交通运输业等交通运输项目。

（3）邮政、电信枢纽、通信、信息网络等邮电通信项目。

（4）防洪、灌溉、排涝、引水、滩涂治理、水土保持、水利枢纽等水利项目。

（5）道路、桥梁、地铁和轻轨交通、地下管道、公共停车场等城市设施项目。

（6）污水排放及其处理、垃圾处理、河湖水环境治理、园林、绿化等生态环境建设和保护项目。

（7）其他基础设施项目。

2. 关系社会公共利益、公众安全的公用事业项目的范围

（1）供水、供电、供气、供热等市政工程项目。

（2）科技、教育、文化等项目。

（3）体育、旅游等项目。

（4）卫生、社会福利等项目。

（5）商品住宅，包括经济适用住房。

（6）其他公用事业项目。

3. 使用国有资金投资项目的范围

（1）使用各级财政预算内资金的项目。

（2）使用纳入财政管理的各种政府性专项建设基金的项目。

（3）使用国有企业事业单位自有资金，并且国有资产投资者实际拥有控制权的项目。

4. 使用国家融资项目的范围

（1）供水、供电、供气、供热等市政工程项目。

（2）科技、教育、文化等项目。

（3）使用国家政策性贷款资金的项目。

（4）政府授权投资主体融资的项目。

（5）政府特许的融资项目。

5. 使用国际组织或者外国政府贷款、援助资金项目的范围

（1）使用世界银行、亚洲开发银行等国际组织贷款资金的项目。

（2）使用外国政府及其机构贷款资金的项目。

（3）使用国际组织或者外国政府援助资金的项目。

5.1.2.2 强制招标金额标准规定

凡是符合《工程建设项目招标范围和规模标准规定》规定的具体范围和规模标准的工程，包括项目的勘察、设计、施工、监理以及与工程建设有关的重要设备、材料等的采购，达到下列标准之一的，必须进行招标：

1. 施工单项合同估算价为 400 万元人民币以上的。

2. 重要设备、材料等货物的采购，单项合同估算价为 200 万元人民币以上的。

3. 勘察、设计、监理等服务的采购，单项合同估算价为 100 万元人民币以上的。

同一项目中可以合并进行的勘察、设计、施工、监理以及与工程建设有关的重要设备、材料等的采购，合同估算价合计达到前款规定标准的，必须招标。

5.1.2.3 可不进行招标项目的规定

《招标投标法》第 66 条规定：涉及国家安全、国家秘密、抢险救灾或者属于利用扶贫资金实行以工代赈、需要使用农民工等特殊情况，不适宜进行招标的项目，按照国家有关规定可以不进行招标。具体包括以下几种情况：

1. 涉及国家安全、国家秘密或者抢险救灾而不适宜招标的。涉及国家安全的项目是指国防、尖端科技、军事装备等涉及国家安全、会对国家安全造成重大影响的项目。所谓国家秘密是指关系国家安全和利益，依照法定程序确定，在一定时间内只限一定范围知悉的事项。抢险救灾具有很强的时间性，需要在短期内采取迅速、果断的行为，以排除险情、救济灾民。

2. 属于利用扶贫资金实行以工代赈需要使用农民工的。以工代赈是指国家利用扶贫资金建设扶贫工程项目，吸纳扶贫对象参加该工程的建设或成为建成后项目的工作人员，以工资和工程项目的经营收益达到扶贫目的的一种政策。由于以工代赈项目有明确的服务对象，所以无须招标。

3. 施工主要技术采用特定的专利或者专有技术的。

4. 施工企业自建自用的工程，且该施工企业的资质等级符合工程要求的。

5. 在建工程追加的附属小型工程或者主体夹层工程，原中标人仍具备承包能力的。

6. 法律、行政法规规定的其他情形。

5.1.2.4 可进行邀请招标的项目

如果项目适合招标且不适合公开招标的，按照规定，经批准后可以进行邀请招标，主要有以下几种情形：

1. 项目技术复杂或有特殊要求，只有少量几家潜在投标人可供选择的。

2. 受自然地域环境限制的。

3. 涉及国家安全、国家秘密或者抢险救灾，适宜招标但不宜公开招标的。

4. 拟公开招标的费用与项目的价值相比，不值得的。

5. 法律、法规不宜公开招标的。

5.1.3 招标方法

按照《招标投标法》规定，我国招标方法分为公开招标和邀请招标。

1. 公开招标又称为无限竞争招标，即招标单位以招标公告的方式，邀请不特定法人或者其他组织参与投标，并在符合条件的投标人中选取最优中标人。公开招标通过报刊、广播、电子网络、电视等方式发布招标广告，有投标意向的合格承包商均可参加投标活动。

采用公开招标方法，可以保证所有合格的投标人都有参加投标、公平竞争的机会；投标的承包商多、竞争充分，有利于降低工程造价，提高工程质量和缩短工期。但是，公开招标工作量大，需要投入较多的人力、物力，招标过程所需时间较长，因而，此类招标方式主要适用于投资额度大，工艺、结构复杂的较大型工程建设项目。

2. 邀请招标又称为有限竞争性招标。邀请招标是招标人直接发出投标邀请书，邀请特定的法人或者其他组织参与投标，择优选择中标人的一种方法。该方法只有接到投标邀请书的法人或者其他组织才能参加投标。收到邀请书的单位有权力选择是否参加投标。

由于邀请招标不使用公开的招标方法，接受邀请的单位才是合格的投标人，所以，投标人的数量有限，但无论是公开招标，还是邀请招标，合格投标人不得少于 3 人，否则需要重新组织招标活动。

邀请招标的优点是参加竞争的投标商数目可以由招标单位控制，目标集中，招标的组织工作较容易，工作量比较小。但是由于参加的投标单位相对较少，竞争性范围较小，使招标单位对投标单位的选择余地较少，可能失去发现最适合承担该项目的承包商的机会。

5.2　电气工程招标策划

5.2.1 工程招标策划流程

招标策划是指招标人为了有效实施工程、货物和服务招标，通过分析和掌握招标项目的技术、经济、管理的特征，以及招标项目的功能、规模、质量、价格、进度、服务等需求目标，依据有关法律法规、技术标准和市场竞争状况，针对一次招标组织实施工作（即招标项目）的总体策划。招标策划是科学、规范、有效地组织实施招标采购工作的必要基

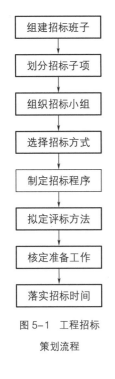

组建招标班子

↓

划分招标子项

↓

组织招标小组

↓

选择招标方式

↓

制定招标程序

↓

拟定评标方法

↓

核定准备工作

↓

落实招标时间

图 5-1　工程招标
策划流程

础和主要依据。工程招标策划流程如图 5-1 所示。

　　招标策划的第一步就是要组建一个好的招标班子或委托招标代理，选取有经验的人员参与项目的招标工作。在此基础上制定工作章程，并将招标任务落实到每个人，做到分清责任，各司其职。强有力的招标班子是项目招标采购成功的关键。强有力的招标班子并不一定是臃肿的机构。某些工程建设指挥部配备了大量的招标人员，但是由于责任不清，分工不明，反而影响工作效率。有些时候，也可以先做好咨询服务的采购，然后由该咨询公司负责货物和工程的采购，这样项目招标的工作效率可能会大大提高。

　　招标策划的第二步是划分招标子项。项目招标子项是指把项目的组成部分分别打包进行招标。如土建工程招标可以分成土方工程、基础工程和主体工程等分别打包进行招标。在项目招标子项的划分过程中，要注意避免子项间存在重复和子项间有空缺现象的出现。

　　招标策划的第三步是组织好招标小组，然后进行市场调查。项目采购招标前的调查主要是对供方市场的调查。如货物采购需要了解市场上供应商的情况，货物供应量的情况和大致的供应价格。市场调查的范围可以是区域内的市场，也可以是区域外的市场；可以是国内市场，也可以是国际市场。市场调查可以作为招标方式选择的依据。

　　招标策划的第四步是选择招标方式。招标的方式有国际竞争性招标、有限国际竞争性招标、国内竞争性招标和其他一些招标方式等。在确定招标方式时应根据项目的具体情况和采购内容的不同加以采用。例如，对于建设工程项目而言，土建工程可采取国内竞争性招标方式进行采购，重要的设备可以采取国际竞争性招标方式，而咨询服务的采购可以采用有限国际竞争性招标方式等。

　　招标策划的第五步是制定招标程序。确定了招标的方式后即可制定相应的招标程序。不同的招标方式，不同的采购内容，其招标的程序也存在一定的差异。一般情况下，项目的招标程序应包括发布招标文件、组织招标答疑、开标、评标和授予合同等步骤。

　　招标策划的第六步是拟定评标方法。评标方法和规则直接关系到评标的结果和合同的授予，因此评标方法的制定是非常重要的。一般情况下，评标首先是对商务标和技术标进行打分，然后综合考虑商务标和技术标的得分情况来评价最终将授予合同的投标者。不同的项目，商务标和技术标在评标时所占的比重是有区别的。例如，对于土建工程采购而言，施工工艺复杂、施工难度大的大型项目的技术标所占的比重要大一些，而普通的小型项目则更重视商务标的得分。

　　招标策划的第七步是核定准备工作。在招标方式、招标程序和评标办法都确定的情况下，就可以进行招标了。但是在招标前，还要落实招标的准备工作。如招标所需资料是否已经收集完整，评标专家是否落实等。

招标策划的最后一步是落实招标时间。一个大型的项目可能涉及很多招标子项，每个招标子项具体的招标时间必须提早落实。将各招标子项的具体时间落实后就形成了招标工作的进度计划。招标工作的进度计划一定要同项目的进度计划相匹配，即根据项目进度计划的安排来确定相应子项的招标采购计划。另外，项目招标计划的制定要考虑采购的时间，如货物的运输时间等因素。

5.2.2 电气工程招标策划实例 ●

现有四川省某高校教学楼电气安装项目，该项目是成都市某高校教学楼，位于成都市青羊区某街道，建筑占地面积为 $4560m^2$，建筑层数为地上五层，建筑总高度为 20.7m，本工程建筑抗震设防烈度为 7 度，设计基本地震加速度值为 0.15g，设计地震分组为第三组，设计特征周期为 0.65s。本工程结构体系为现浇混凝土结构，建筑等级为二级，建筑主体结构设计使用年限 50 年，建筑防火为二类，耐火等级为二类，抗震设防烈度 7 度，抗震等级为三级，建筑场地类别为Ⅲ类，地基液化判别为不液化，为建筑抗震有利地带，地面粗糙度类别为 B 类，地基基础设计等级为乙级，本工程估价为 450 万元。

本招标项目四川省某高校教学楼电气安装项目已由成都市发展和改革局批准建设。本项目属于政府采购工程项目，根据《政府采购法》第七条：政府采购工程以及与工程建设有关的货物、服务，采用招标方式采购的，适用《招标投标法》及其实施条例。根据《招标投标法》规定，在中华人民共和国境内进行全部或者部分使用国有资金投资或者国家融资的建设项目的勘察、设计、施工、监理以及与工程建设有关的重要设备、材料等的采购，必须进行招标；施工单项合同估算价为 400 万元人民币以上的必须进行招标，其招标范围、招标方式、招标组织形式应当报项目审批、核准部门审批、核准。本项目是国有资金投资，且施工单项合同估算价为 450 万元，已具备招标条件，招标人为四川省某高校，建设资金来自财政资金，项目出资比例为 100%，现拟对该项目的施工进行公开招标。

1. 招标策划目的：施工招标策划是建设单位及其委托的招标代理机构在准备招标文件前，根据工程项目特点及潜在投标人情况等确定招标方案。招标策划的好坏关系到招标的成败，直接影响投标人的投标报价乃至施工合同价。

2. 组建招标班子：

本次招标人是某高校，招标机构是某工程管理公司。

2.1 《招标投标法》规定招标人自行办理招标事宜所应当具备的具体条件

(1) 具有项目法人资格（或者法人资格）。

(2) 具有与招标项目规模和复杂程度相适应的工程技术、概预算、财务和工程管理等方面的专业技术力量。

（3）有从事同类工程建设项目招标的经验。

（4）设有专门的招标机构或者拥有3名以上专职招标业务人员。

（5）熟悉和掌握招标投标法及有关法规规章。

2.2　自行招标的优劣势

（1）优势：

a. 自行招标的程序往往比较简单，因此可以节约相应的招标时间及相应的费用。

b. 自行招标对工程控制的效果较为明显，便于达到预期效果。

（2）劣势：

a. 暗箱操作、内定中标人。企业自行组织招标，整个招标过程由业主控制，为了谋取某些特殊利益，选择特定的投标人，将有关情况泄漏给特定投标人，或者协助特定投标人撤换标书，更改标价；在评审标书时，与评委、专家们串通，对特定投标人的标书实行特殊优待等等。另外，招标人为了达到特定的目的，邀请几家投标单位进行内部商议，不参与市场竞标，私自选择中标人的现象也屡有发生。

b. 招标率低，事后补办手续。企业自行组织招标，会受工期紧、项目批复、工程设计和工程预算晚等客观原因的影响，导致招标率低或事后补办招标手续的情况频频发生。招标承办部门往往采取向招标主管部门申请不招标的方式来规避招标，导致大量应招标项目未进行招标，造成了招标率低下；或是采取先签合同再补办招标手续的方式进行虚假招标，因手续采取事后补办，往往存在评标结果不真实或评标手续不齐全等问题。

c. 招标过程不规范，承办人员专业水平较低。企业从事招标的承办人员，多数是兼职，不仅需要准备琐碎的招标工作，还需要准备项目前期、后期工作，大量的工作导致招标承办人员疲惫不堪，再加上业务水平有限、对国家招标投标法律法规不了解，编制招标文件常常会存在缺陷或错误，从而导致招标过程不规范、不顺利，或发生歧义，或产生投诉，甚至导致招标失败。

d. 自行招标权威性不够，投标商不重视，难以组织起有效的竞争。相比委托招标而言，自行招标对投标商没有太大吸引力，不能引起他们的重视，自然就不能形成有效的、良性的竞争，这在很大程度上削弱了自行招标的力度。

2.3　委托招标的优劣势

（1）优势：

a. 为业主寻求到资质优良的供方。在自行招标中，由于招标方的需求量小，而且多是一次性采购，招标人与投标人之间是一次性的合作关系。而委托招标代理机构接受多家企业委托，对于同一设备的购买就是多次的，这无形中形成了规模效应，为业主寻找资质高、业绩优的供方提供了良好的平台。

b. 提供全方位咨询和专业化服务。由于招标代理机构是专业的招标中介服务组织，具备专业的代理人员，其熟悉国家、地方招标相关的法律法规和规章制度，能够编制出优秀的招标文件，减轻业主的工作负担，为招标的后续工作提供了保证，同时由于招标代理机构所经历的各类项目较多，经验丰富，能够综合各招标代理项目的经验与教训，再进行招标代理，从而更好地为业主服务。

c.约定双方权利义务，减少纠纷，确保项目进度。在项目实施中，影响项目进度的因素较多，有甲方的原因，也有乙方的原因，但更多的是因为在招标过程中，由于约定不明确而引起纠纷，从而影响建设项目的进度。实行招标代理后，专业的招标代理机构能在招标过程中详细地约定招标投标双方的权利和义务，从而较好地避免了项目合同纠纷的发生，也就保证了项目的进度，使项目质量更有保障。

（2）劣势：

资质等级不一样，服务质量参差不齐。由于委托招标代理机构的资质等级不同，其代理人员的能力也有所不同，可能会出现项目与代理人员能力不匹配的情况，导致服务质量差。

2.4　结合本项目特征的招标组织方式

本项目招标人不具备自行招标能力，必须委托具备相应资质的招标代理组织招标、代为办理招标事宜（即代理招标）。

2.5　招标代理机构必须具备以下三个条件

（1）有从事招标代理业务的营业场所和相应资金。

（2）有能够编制招标文件和组织评标的相应专业力量。

（3）有可以作为评标委员会成员人选的技术、经济等方面的专家库。

2.6　比较多个招标代理机构的资质、专业、收费等，最终选择某工程管理公司，以高校名义组织招标。高校项目负责人负责在招标工作开展之前，组建项目招标领导小组。组长原则上由高校相关领导兼任，投资方和某工程管理公司有关人员担任副组长；成员由高校规划发展部、计划与投融资部、财务与产权管理部、安全生产部、工程管理部、投资方和某工程管理公司的有关人员组成，且须有纪检或监察部门的人员参加。

项目招标领导小组主要职责：

（1）组织成立招标工作组，进行项目招标工作的总体策划。

（2）制定评标办法。

（3）组建评标委员会。

（4）主持开标会。

（5）监督评标工作。

（6）审查评标报告，推荐预中标单位排序。

（7）组织合同谈判，提出定标意见。

3.划分招标子项：

3.1　招标人对招标项目划分标段的，应当遵守招标投标法的有关规定，不得利用划分标段限制或者排斥潜在投标人。依法必须进行招标的项目的招标人不得利用划分标段规避招标。工程标段划分的原则如下：

（1）工程特点。如果工程场地集中、工程量不大、技术不太复杂，由一家承包单位总包易于管理，则一般不分标段。但如果工地场面大、工程量大，有特殊技术要求，则应考虑划分为若干标段。

（2）对工程造价的影响。通常情况下，一项工程由一个施工单位承包时易于管理，同时便于劳动力、材料、设备的调配，因而可得到交底造价。但如果是大型复杂的项目，对承包单位的要求就要高得多，如果不划标段，就可能使有能力承担项目的施工单位减少，竞争对手少，价格就会相对较高。

（3）承包单位专长的发挥。工程项目由单项工程、单位工程或专业工程组成，在考虑划分施工标段时，既要考虑不会产生各承包单位施工的交叉干扰，又要注意各承包单位之间在空间上和时间上的衔接。

（4）工地管理。从工地管理角度看，分标时应考虑两方面问题：一是工程进度的衔接，二是工地现场的布置和干扰。

（5）其他因素。除以上因素，还可能会有其他影响因素，如建设资金、设计图纸供应等。资金不足和图纸分期供应时，可先进行部分招标。

3.2 结合本项目特征的划分招标子项

该项目工程场地集中、工程量不大、技术不太复杂，由一家承包单位总包易于管理，则不分标段。本次招标共一个标段。

4. 市场调查：

（1）工程专业分包的询价

1）投标管理部和工程核算部分别组织对工程专业分包的询价，项目管理部提供协助。

询价文件应包括：工程量表、图纸及有关设计资料、执行的技术规范或标准、报价要求、返标日期及报价有效期等。

2）一般选三至五家单位作为询价对象。

（2）材料设备的询价

材料设备询价由投标人进行。

5. 招标方式：

5.1 邀请招标

邀请招标，是指招标人以投标邀请书的方式邀请特定的法人或者其他组织投标，且应当向三个以上具备承担招标项目的能力、资信良好的特定的法人或者其他组织发出投标邀请书。

（1）邀请招标的优势

邀请招标可以按照项目需要和市场供应，有针对性的从已知了解的潜在投标人中，选择与项目匹配的投标人来参与投标活动，也有利于各投标人之间公平竞争，通过严谨的评标标准和方法达到招标目的。会相应减少工作量与招标费用，省去繁琐的程序并节约时间，可以达到较好的招标效果。

（2）邀请招标的劣势

不利于招标单位获得最优报价及最佳投资效益；投标单位的数量少，竞争性较差；招标单位在选择邀请人前所掌握的信息不可避免的存在一定的局限性，招标单位很难了解所有承包商的情况，常会忽略一些在技术、报价方面更具竞争力的企业，使招标单位不易获得最合理的报价，有可能找不到最合适的承包商；有些招标人甚至会利用邀请招标之名，行虚假招标之实。

5.2 公开招标

公开招标，是指招标人以招标公告的方式邀请不特定的法人或者其他组织投标。

（1）公开招标的优势

a. 公平公正：公开招标使对该招标项目感兴趣又符合投标条件的投标者都可以在公平竞争环境下，享有得标的权利与机会。

b. 价格合理：基于公开竞争，各投标者凭其实力争取合约，而不是由人为或特别限制规定售价，价格比较合理。而且公开招标，各投标者自由竞争，招标者可以获得最具竞争力的价格。

c. 改进品质：因公开投标，各竞争投标的产品规格或施工方法不一，可以使招标者了解技术水平与发展趋势，促进其品质的提高。

d. 减少徇私舞弊：各项资料公开，办理人员难以徇私舞弊，更可以避免人情关系的影响，减少作业困扰。

e. 了解来源：通过公开招标方式可以获得更多投标者的报价，扩大供应来源。

（2）公开招标的劣势

a. 采购费用较高：公开登报、招标文件制作和印刷，以及开标场所布置等，均需要花费大量财力与人力；如果发生中标无效，则费用更大。

b. 手续繁琐：从招标文件设计到签约，每个阶段都必须经过充分的准备，并且要严格遵循有关规定，不允许发生差错，否则会造成纠纷。

c. 可能产生串通投标：凡金额较大的投标项目，投标者之间可能串通投标，作不实报价或任意提高报价，给投标者造成困扰和损失。

d. 可能造成抢标：报价者因有现货急于变现，或基于销售或业务政策等原因，而报出不合理的低价，可能造成恶性抢标，从而导致偷工减料、交货延期等风险。

5.3 结合本项目特征的招标方式

根据《招标投标法》规定，国有资金占控股或者主导地位的依法必须进行招标的项目，应当公开招标；但有下列情形之一的，可以邀请招标：

（1）技术复杂、有特殊要求或者受自然环境限制、只有少量潜在投标人可供选择。

（2）采用公开招标方式的费用占项目合同金额的比例过大。

本项目无以上两种情形，选用公开招标方式。

6. 投标人资格条件：

（1）投标人须具有有效的营业执照。（须在投标文件中附营业执照原件的扫描件，并加盖投标单位公章）

（2）投标人须具有建设行政主管部门颁发的建筑工程施工总承包三级（含）及以上资质，具有有效的安全生产许可证。（投标文件中须附以上证件的原件扫描件，并加盖单位公章）

（3）投标人拟派的项目经理须具有建筑工程专业二级（含）以上注册建造师资格（不含临时建造师，注册单位与投标人一致）及有效的安全生产考核合格证书，且承诺在中标后未担任任何在建建设工程项目的项目经理。（投标文件中须附以上证件的原件扫描件及承诺书，并加盖单位公章）

（4）投标人 2020 年 1 月 1 日以来完成过单项合同额不少于 800 万元同类工程施工业绩。同类工程业绩是指房屋建筑工程。（须提供中标通知书、施工合同、竣工验收证书或报告、中标公示截图，以竣工验收时间为准，投标文件中须附以上证明材料原件扫描件，并加盖单位公章）

（5）本次招标不接受联合体投标。

7. 招标程序：招标程序包括发布招标文件、组织招标答疑、开标、评标、签订及履行合同和验收等步骤。

8. 评标办法：招标文件里确定评标办法，拟定用综合评分法。

9. 本工程合同类型为建设工程施工合同，合同计价方式为总价合同。

9.1 建筑工程合同包含内容

可以依据国家颁布的有关合同示范文本拟定建设工程承发包合同专用条款，并特别注意以下条款：

（1）工程名称、地点、范围和内容。

（2）工期，包括整体工程的开、竣工工期以及中间交付工程的开、竣工工期。

（3）工程质量保修期及保修条件。

（4）工程造价。

（5）工程验收及工程价款的支付、结算方式、支付方式。

（6）设计文件及概算预算、技术资料的提供日期及提供方式。

（7）材料的供应及材料进场期限。

（8）工程变更。

（9）违约、索赔和争议。

（10）当事人约定的其他事项。

9.2　合同按计价方式分为总价合同、单价合同、成本加酬金合同等。

（1）总价合同

总价合同的主要特征：

a. 价格根据确定的由承包方实施的全部任务，按承包方在投标报价中提出的总价确定。

b. 待实施的工程性质和工程量应在事先明确商定。

总价合同又可分为固定总价合同和可调值总价合同两种形式。

（2）单价合同

施工图不完整或当准备发包的工程项目内容、技术经济指标一时还不能明确、不能具体地予以规定时，往往要采用单价合同形式。这样在不能比较精确地计算工程量的情况下，可以避免凭运气而使发包方或承包方任何一方承担过大的风险。工程单价合同可细分为估算工程量单价合同和纯单价合同两种不同形式。

（3）成本加酬金合同

这种合同形式主要适用于工程内容及其技术经济指标尚未全面确定、投标报价的依据尚不充分的情况下，发包方因工期要求紧迫，必须发包的工程；或者发包方与承包方之间具有高度的信任，承包方在某些方面具有独特的技术、特长和经验的工程。以这种形式签订的建设施工合同有两个明显缺点：一是发包方对工程总价不能实施实际的控制；二是承包方不注重降低项目成本。因此，这种合同形式在建设工程中很少采用。

（4）结合本项目特征的合同计价方式

工程项目建设规模较大，施工工期较长的适用单价合同计价，而成本加酬金合同业主需要承担的风险过大，固定总价合同适用于合同履行周期短、材料市场价格相对稳定的小型工程及工程结构相对简单的工程，因此本工程项目采用总价合同方式。

10. 合同文本及特殊的合同条款：详见招标文件。

11. 核定准备工作

（1）招标信息发布平台

根据《招标公告和公示信息发布管理办法》第八条规定：依法必须招标的项目的招标公告和公示信息应当在"中国招标投标公共服务平台"或者项目所在地省级电子招标投标公共服务平台发布。

选择一个合适的招标平台是关键，以下是选择招标平台的原则：

1）确定招标需求：需要明确自己的招标需求，包括所需的服务或产品类型、预算、招标范围等，这有助于缩小招标平台的范围并确定最适合需求的平台。

2）比较不同平台：查看多个招标平台，了解其特点、服务范围、费用结构等，可以通过网络搜索、咨询同行或向平台索要相关信息等方式获取这些信息。

3）查看平台声誉：了解平台的信誉和口碑，可通过搜索平台的评价、评论、客户反馈等方式来了解。

4）检查平台的认证和证书：一些招标平台可能会持有相关的认证和证书，例如 ISO 9001 质量管理认证等。这些认证可以作为选择平台的参考。

5）评估平台的技术支持：如果在使用平台时遇到问题，技术支持是关键。选择一个提供优质技术支持的招标平台可以在需要时得到快速解决问题的帮助。

6）关注平台的安全性：在选择招标平台时，确保该平台具备强大的安全性措施，以保护招标信息和财务信息。

招标采购单位对已发出的招标文件进行澄清或者修改，以书面形式将澄清或者修改的内容在"全国公共资源交易平台（四川省）""全国公共资源交易平台（四川省·成都市）"上发布更正公告。

（2）招标信息发布要求

1）招标人、招标代理机构均可通过本网站发布政府采购招标投标信息。招标代理机构首次在本网站发布信息时，需将本单位企业营业执照复印件和政府采购代理资质证书复印件加盖单位公章后，以邮件和传真的形式发送至网站。

2）各信息发布单位需在《中华人民共和国政府采购法》和《招标投标法》等有关法律法规规定的发布期限之前向本网站提供招标投标信息。

（3）招标信息内容要求

根据《中华人民共和国招标投标法》和《政府采购信息公告管理办法》（中华人民共和国财政部令第 19 号）文件规定，招标投标信息包括公开招标公告、中标公告、邀请招标资格预审公告及其更正公告等，公告的信息必须做到内容真实、准确可靠，不得有虚假和误导性陈述，不得遗漏依法必须公告的事项。公告招标投标各类信息时应当分别包括下列内容：

1）公开招标公告

a. 招标人、招标代理机构的名称、地址和联系方式。

b. 招标项目的名称、用途、数量、简要技术要求或者招标项目的性质。

c. 供应商资格要求。

d. 获取招标文件的时间、地点、方式及招标文件售价。

e. 投标截止时间、开标时间及地点。

2）中标公告

a. 招标人、招标代理机构的名称、地址和联系方式。

b. 招标项目名称、用途、数量、简要技术要求及合同履行日期。

c. 定标日期（注明招标文件编号）。

d. 本项目招标公告日期。

e. 中标供应商名称、地址和中标金额。

f. 评标委员会成员名单。

3）邀请招标资格预审公告

a. 招标人、招标代理机构的名称、地址和联系方式。

b. 招标项目的名称、用途、数量、简要技术要求或招标项目的性质。

c. 供应商资格要求。

d. 提交资格申请及证明材料的截止时间及资格审查日期。

4）招标信息更正公告

a. 招标人、招标代理机构名称、地址和联系方式。

b. 原公告的采购项目名称及首次公告日期。

c. 更正事项、内容及日期。

（4）在招标期间，可能会遇到各种问题，以下是一些可能遇到的问题及相应的应急措施：

1）缺乏投标者：如果没有得到足够的投标者，可以扩大招标范围，通过社交媒体和其他渠道宣传招标信息，或者向潜在投标者发送个性化邀请函。

2）投标文件不完整或有误：如果收到的投标文件不完整或有误，可以联系投标人并要求他们补充或更正文件。如果投标人不配合，可以采取法律手段解决问题。

3）投标者不符合资格条件：如果发现投标者不符合资格条件，可以拒绝其投标。但是，在拒绝投标之前，请确保已经按照招标规则和法律法规的要求通知投标人。

4）不合理的投标价格：如果收到的投标价格不合理，可以要求投标人解释其投标价格，并要求投标人重新提交价格。如果无法达成一致，可以选择取消招标或重新发布招标信息。

5）投标人提出变更请求：如果投标人要求更改招标文件或条件，需要评估这些更改请求是否符合招标规则和法律法规的要求。如果更改请求合理，可以考虑接受更改并发布相关通知。

6）投标文件丢失或损坏：如果投标文件丢失或损坏，可以要求投标人重新提交文件。

7）投标人对招标过程提出异议：如果投标人对招标过程提出异议，招标人应该认真听取投标人的意见并尽快回复。如果招标人认为异议无法解决，可以考虑采取法律手段解决问题。

在招标期间可能会遇到各种问题，关键是要保持沟通，确保按照规则和法律法规处理问题，并尽快采取应急措施。

（5）现场踏勘

招标人根据招标项目的具体情况，可以组织潜在投标人踏勘项目现场，但招标人不得单独或者分别组织任何一个潜在投标人进行现场踏勘。

潜在投标人依据招标人介绍情况作出的判断和决策，由潜在投标人自行负责。潜在投标人在踏勘现场中如有疑问，应在招标人答疑前以书面形式向招标人提出，以便于得到招标人的解答。潜在投标人踏勘现场发现的问题，招标人可以书面形式答复，也可以在投标预备会上解答。

本项目在开始投标文件编制前，要进行现场勘察，参加人员根据工程情况由主持人确定，并任命行动负责人。现场勘察主要内容：

1）工程场外运输条件、现场道路、临水、临电、临时设施搭设、交叉作业情况、垂直运输条件、扰民问题等工程环境。

2）工程基层完成情况及质量状态。工程拆改项目要了解原建筑情况，样板间要进行细致的图纸对比记录等。

3）主持人应召集勘察人员针对现场情况进行分析，通过现场勘察，要发现投标工作中的重点、难点和潜在风险（技术风险、工期风险、隐含的质量问题给今后商务洽谈带来的风险），要在《现场勘察记录表》中写明。

4）投标人要与技术标编制人协商、沟通投标中的技术方案，针对技术方案编制施工措施费用，计入报价，对特殊方案要经过总工程师批准。

（6）评标委员会的组建

工程项目开标前，项目招标领导小组应按照规定组建评标委员会，其评标委员会由招标人的代表和有关技术、经济等方面的专家组成，成员人数为 5 人以上单数，其中技术、经济等方面的专家不得少于成员总数的 2/3。

专家应当从事相关领域工作满八年并具有高级职称或者具有同等专业水平，由招标人从国务院有关部门或者省、自治区、直辖市人民政府有关部门提供的专家名册或者招标代理机构的专家库内的相关专业的专家名单中确定。

一般招标项目可以采取随机抽取方式；技术复杂、专业性强或者国家有特殊要求的招标项目，采取随机抽取方式确定的专家难以保证胜任的，可以由招标人直接确定。与投标人有利害关系的人不得进入相关项目的评标委员会，已经进入的应当更换。

评标委员会的职责和主要工作内容为：

1）审核评标办法。

2）审阅各投标人的投标文件。

3）就投标文件向投标人质疑。

4）对投标文件进行对比、评审和打分。

5）提出评标报告（包括推荐中标候选人排序）。

评标委员会成员的名单在中标结果确定前应当保密。评标分为初步评审和详细评审两个阶段进行。评标委员会和评标专家应严格按照审定的评标办法及细则进行评分，评标内容和标准以招标文件要求为准，不得随意修改招标文件。

本次招标拟定 7 名成员组建评标委员会，其中招标人代表 1 人，专家 6 人（专家库随机抽取）。

（7）付款方式

1）投标保证金投标人可以选择下列两种形式之一提交：

a. 投标人通过其基本账户：

在"全国公共资源交易平台（四川省）"的在线支付系统在线支付（以到达收款银行时间为准）。在"全国公共资源交易平台（四川省·成都市）"的在线支付系统在线支付（以到达收款银行时间为准）。转账的投标保证金应在投标截止时间前到达系统指定账户。

b. 以银行电子保函或专业担保公司电子保函或电子保险合同形式提交。投标人应在投标截止时间前通过：

"全国公共资源交易平台（四川省）"电子招标投标系统申办电子保函或电子保险合同。通过"全国公共资源交易平台（四川省·成都市）"电子招标投标系统申办电子保函或电子保险合同。电子保函或电子保险合同的生效时间最迟不晚于投标截止时间，在投标有效期内保持有效。

2）工程价款的结算方式主要有以下几种：

a. 按月定期结算。按月定期结算是指每月由施工企业提出已完成工程月报表，连同工程价款结算账单，经建设单位签字，交建设银行办理工程价款结算的方法。

b. 分段结算。分段结算是指以单项工程为对象，按施工形象进度将其划分为不同施工阶段，按阶段进行工程价款结算。

c. 竣工后一次结算。竣工后一次结算是指建设项目或单项工程全部建筑安装工程建设期在一年以内，或者工程承包合同价值在 100 万元以下的，可以实行工程价款每月预支或分阶段预支，竣工后一次结算工程价款的方式。

3）结合本项目特征的付款方式：

本项目工期较短、施工简单，采用完工后一次性付款的方式。工程付款可以采用现金转账、银行承兑汇票、支票。

12. 招标时间：

本工程工期要求为 4 个月，2023 年 9 月投入使用。以下为拟定招标时间：

根据《招标投标法》规定，招标人应当合理确定提交资格预审申请文件的时间。依法必须进行招标的项目提交资格预审申请文件的时间，自资格预审文件停止发售之日起不得少于 5 日。故拟定 2023 年 3 月 4 日 0 时 0 分（北京时间）至 2023 年 3 月 10 日 23 时 59 分通过四川省政府采购一体化平台的项目电子化交易系统获取招标文件。

投标人要求招标人澄清的截止时间为开标前 10 日。

《招标投标实施条例》第二十条规定，招标人可以对已发出的资格预审文件或者招标文件进行必要的澄清或者修改。澄清或者修改的内容可能影响资格预审申请文件或者投标文件编制的，招标人应当在提交资格预审申请文件截止时间至少 3 日前，或者投标截止时间至少 15 日前，以书面形式通知所有获取资格预审文件或者招标文件的潜在投标人；不足 3 日或者 15 日的，招标人应当顺延提交资格预审申请文件或者投标文件的截止时间。

考虑到投标预备会后需要将招标文件的澄清、补充和修改书面通知所有购买招标文件的投标人，组织投标预备会的时间一般应在投标截止时间 15 日以前。

组织投标人踏勘现场的时间一般应在投标截止时间 15 日前及投标预备会召开前。

投标人在阅读招标文件和现场踏勘中提出的疑问，应当以书面形式提出，招标人应于投标截止时间前至少 15 日内，以书面形式或召开投标预备会的方式解答，并将解答书同时送达所有获取招标文件的投标人，各投标人均应以书面形式予以签收确认。

自招标文件开始发出之日起至投标人提交投标文件截止之日止，最短不得少于 20 日，故开标时间、投标文件递交截止时间为：2023 年 4 月 6 日 10 时 00 分（北京时间）。

招标进度安排表见表 5-1，其余流程详细时间参考招标文件。

招标进度安排表

表 5-1

内容	时间
招标策划文件编制及审核	2023 年 1 月 3 日～2023 年 1 月 31 日
招标文件编制、审核、备案	2023 年 2 月 1 日～2023 年 3 月 2 日
招标公告发布	2023 年 3 月 3 日
招标文件发布	2023 年 3 月 4 日
招标文件的澄清与修改截止时间	投标截止时间 15 日前
投标人要求澄清招标文件的截止时间	投标截止时间 10 日前
踏勘现场	2023 年 9 月 23 日 10：00
递交投标文件	2023 年 4 月 6 日 10：00 之前
开标时间	2023 年 4 月 6 日 10：00
评标及确定中标人	2023 年 4 月 15 日 ［注：须投标有效期（90 天）内完成］
签订合同	确定中标人一个月内

5.3 电气工程招标程序

5.3.1 招标准备阶段

1. 工程项目报建

建设工程报建是实施施工项目招标投标的重要前提条件，它是指建设单位在工程施开工前一定期限内，向建设行政主管部门或招标投标管理机构依法办理项目登记手续。凡未办理施工报建的建设项目不得办理招标投标的相关手续和发放施工许可证，施工单位不得接该项工程的施工任务。建设工程项目包括各类房屋建筑、土木工程、设备安装、管道线路敷设、装饰装修等固定资产投资的新建、扩建、改建以及技改项目。投资金额超过一定数额或建筑面积超过一定规模的施工项目都必须到建设行政主管部门依法报建。

工程项目的立项批准文件或年度投资计划下达后，规划与设计审批已经完成，建设单位需按照规定即时向招标投标管理机构或招标投标交易中心履行工程项目报建。报建内容主要包括：工程名称、工程类别、建设单位、建设地点、建筑面积、投资总额、资金来源、当年投资额、建设内容、结构类型、发包方式、计划开工日期、计划竣工日期、工程筹建情况等。建设单位报建时应填写建设工程报建登记表，连同应交验的立项批准文件、建设资金证明、规划许可证、土地使用权证等文件一并报招标投标管理机构审批。

2. 组建招标机构

应当招标的工程建设项目，办理报建登记手续后，凡已满足招标条件的，应组建招标机构进行招标工作。根据招标人是否具有招标资质，可以将组织招标分为以下两种情况：

（1）自行招标

由于工程招标是一项经济性、技术性较强的专业民事活动，因此招标人自己组织招标（即自行招标）必须具备一定的条件，设立专门的招标组织，经招标投标管理机构审查合格，确认其具有编制招标文件和组织评标的能力，才能自行组织招标。任何单位和个人不得强制其委托招标代理人代理组织招标、办理招标事宜。

（2）代理招标

招标人不具备自行招标能力，必须委托具备相应资质的招标代理人组织招标、代为办理招标事宜（即代理招标）。

招标人自己组织招标、自行办理招标事宜或者委托招标代理人组织招标、代为办理招标事宜的，均应向有关行政监督部门通报并备案。各地一般规定，招标人进行招标要向招标管理机构申报招标申请书。

3. 编制招标文件

招标文件是招标人单方面阐述自己招标条件和具体要求的文件，是招标人确定、修改和解释有关招标事项的各种书面表达形式的统称。

招标人根据施工招标项目的特点和需要来编制招标文件，招标文件一般包括下列内容：

（1）招标公告（或投标邀请书）。

（2）投标人须知。

（3）评标办法。

（4）合同条款及格式。

（5）工程量清单。

（6）图纸。

（7）技术标准和要求。

（8）投标文件格式。

（9）投标人须知前附表规定的其他材料。

凡不满足招标文件要求的投标书，将被招标人拒绝。

4. 编制标底或招标控制价

标底是指招标人（建设单位）为某一具体建设项目根据施工图、当地建设定额以及材料价格编制出来的代表该建设项目的工程造价。招标工程设有标底的，其标底编制工作应按规定进行。标底一般由具有资质的招标人自行编制或者委托具有相应资质的工程造价咨询单位、招标代理单位编制。标底应控制在批准的总概算的限额内，并应按照规定密封直到开标，开标前所有接触过标底的人均有保密责任，不得泄露。

招标控制价是指招标人或其委托的具有相应资质的工程造价咨询人员依据计价规定、招标文件、市场行情信息、拟建工程具体条件及水平差异调整编制的对招标工程限定的最高工程造价。招标控制价与标底的最大区别为：招标控制价是公开的，标底是保密的。

目前，建筑工程项目大多数采用招标控制价。

招标人或招标代理人将已经编制完成的招标文件、标底或招标控制价，报招标管理机构批准，经招标管理机构对上述文件进行审查认定后，方可发布招标公告或发出投标邀请书。

5.3.2 招标阶段

1. 发布招标公告或投标邀请书

实行公开招标的，招标人通过国家指定的报刊、信息网络或者其他媒介发布工程"招标公告"，也可在中国工程建设和建筑业信息网络以及有形建筑市场发布。发布的时间应达到规定要求，一般发布的时间不得少于 5 天。

符合招标公告要求的施工单位（投标人）均可报名并索取资格预审文件，招标人不应以任何借口拒绝符合条件的投标人报名。

采用邀请招标的，招标人应当向 3 个以上具备承担招标工程的能力、资信良好的施工单位（投标人）发出投标邀请书。

公开招标的招标公告和邀请招标的邀请书均应当至少载明下列内容：

（1）招标人的名称和地址。

（2）招标项目的内容、规模、资金来源。

（3）招标项目的实施地点和工期。

（4）获取招标文件或者资格预审文件的地点和时间。

（5）对招标文件或者资格预审文件收取的费用。

（6）对投标人的资质等级的要求。

2. 进行资格审查

《工程建设项目施工招标投标办法》第十七条规定，资格审查分为资格预审和资格后审。资格预审，是指在投标前对潜在投标人进行的资格审查；资格后审，是指在开标后对投标人进行的资格审查。进行资格预审的，一般不再进行资格后审，但招标文件另有规定的除外。我国大多数地方的路桥类工程采用资格预审的方式，而建筑类工程则采用资格后审的方式。

无论是资格预审还是资格后审，都是主要审查潜在投标人或投标人是否符合下列条件：

（1）具有独立订立合同的权利。

（2）具有圆满履行合同的能力，包括专业，技术资格和能力，资金、设备和其他物质设施状况，管理能力、经验、信誉和相应的工作人员。

（3）以往承担类似项目的业绩情况。

（4）没有处于被责令停业、财产被接管、冻结、破产状态。

（5）在最近几年内（如最近三年内）没有与骗取合同有关的犯罪或严重违法行为。

1）资格预审

资格预审在投标之前进行，只有资格预审合格的，才有资格参加投标。采用资格预审的，招标人应当在招标公告或投标邀请书中明确对投标人资格预审的条件和获取资格预审文件的办法，并按照规定的条件和办法对报名或邀请的投标人进行资格预审。

招标人可根据招标工程的需要，对潜在投标人进行资格预审，也可以委托招标代理机构对潜在投标人进行资格预审。

经资格预审后，招标人应当向资格预审合格的潜在投标人发出资格预审合格通知书，告知获取招标文件的时间、地点和方法，并同时向资格预审不合格的潜在投标人告知资格预审结果。资格预审不合格的潜在投标人不得参加投标。

2）资格后审

资格后审是在开标之后进行的，符合招标公告的所有潜在投标人均可参加投标，其资格审查（即资格后审）在评标会议上进行。采取资格后审的，招标人应当在招标文件中载明对投标人资格要求的条件、标准和方法。经资格后审不合格的投标人的投标应作废标处理。

不论是资格预审还是资格后审，在资格审查时，招标人不得以不合理的条件限制、排斥潜在的投标人，不得有对潜在投标人实行歧视性待遇。任何单位和个人不得以行政手段或其他不合理的方式限制投标人的数量。招标人不得改变载明的资格条件或者以没有载明的资格条件对潜在投标人或者投标人进行资格审查。

3. 发售招标文件

采用资格预审的，招标人向经审查合格的投标人发售招标文件及有关资料，并向投标人收取投标保证金；采用资格后审的，招标人直接向所有投标报名者发售招标文件和有关资料，收取投标保证金。投标单位收到招标文件、图纸和有关资料后，应认真核对，核对无误后应以书面形式予以确认。招标人不得向他人透露已经获取招标文件的潜在投标人的名字、数量以及可能影响公平竞争的有关招标投标的其他情况。

招标人对所发售的招标文件可以酌收工本费，对于其中的设计文件，招标人可以酌收押金，在确定中标人后，对于设计文件退回的，招标人应当同时将其押金退还。

招标文件发出后，招标人不得擅自变更其内容。确需进行必要的澄清、修改或补充的，应当在招标文件要求提交投标文件截止时间前至少 15 日内，书面通知所有获得招标文件的投标人。澄清、修改或补充的内容是招标文件的组成部分，对招标人和投标人都有约束力。

招标人应当按招标公告或者投标邀请书规定的时间、地点出售招标文件或资格预审文件。自招标文件或者资格预审文件出售之日起至停止出售之日止，最短不得少于 5 个工作日。

4. 组织现场考察

招标人在投标须知规定的时间内组织投标人自费进行现场考察，向其介绍工程场地和相关环境的有关情况。招标人不得单独或者分别组织任何一个投标人进行现场踏勘。现在通行的做法是招标人不组织，由投标人自行考察现场。除招标人的原因外，投标人自行负责在踏勘现场中所发生的人员伤亡和财产损失。投标人踏勘现场发生的费用自理。

投标人通过现场考察通常应达到以下目的：

（1）掌握现场的自然地理条件，包括气象、水文、地质等情况及这些因素对项目实施的影响。

（2）了解现场所在地材料的供应品种及价格、供应渠道，设备的生产、销售情况。

（3）了解现场所在地的空运、海运、河运、陆运等交通运输及运输工具买卖、租赁的价格等情况。

（4）掌握当地的人工工资及附加费用等影响报价的情况。

（5）现场的地形、管线设置情况，水、电供应情况，三通一平情况等。

（6）国际招标还应了解项目实施所在国的政治、经济现状及前景、有关法律、法规等。

投标人通过现场考察，为编制投标文件作好充分准备。招标人向投标人提供的有关现场的资料和数据是招标人现有的能提供给投标人利用的资料，招标人要对所提供资料的真实性负责，但招标人对投标人由此作出的推论、理解和结论概不负责。

5. 招标预备会

招标预备会也称答疑会和标前会议，是指招标人为澄清或解答招标文件或现场踏勘中的问题，以便投标人更好地编制投标文件而组织召开的会议。

在招标文件中规定的时间和地点，由招标人主持召开投标预备会，要求所有的投标人参加投标预备会。参加会议的人员包括招标人、投标人、代理人、招标文件编制单位的人员以及招标投标管理机构的人员等。投标预备会结束后，招标人整理解答内容，形成会议记录，并由招标人和投标人签字确认后宣布散会。会后，招标人将会议记录报招标投标管理机构核准，并将经核准后的会议记录送达所有获得招标文件的投标人。

投标人在阅读招标文件和现场踏勘中提出的疑问，应当以书面形式提出，招标人应于投标截止时间前至少 15 日内，以书面形式或召开投标预备会的方式解答，并将解答书同时送达所有获取招标文件的投标人，各投标人均应以书面形式予以签收确认。

招标人对已经发出的招标文件确需进行澄清或修改的，应当在招标文件规定的提交投标文件截止时间前至少 15 日内，以书面形式通知所有获取招标文件的投标人，任何口头上的澄清、修改、答疑一律视为无效。澄清、修改、答疑等补充文件作为招标文件的组成部分，与招标文件具有同等效力。

考虑到投标预备会后需要将招标文件的澄清、补充和修改书面通知所有购买招标文件的投标人，组织投标预备会的时间一般应在投标截止时间 15 日以前进行。自招标文件开始发出之日起至投标人提交投标文件截止之日止，最短不得少于 20 日。

6. 接受投标文件

（1）投标文件的编制

编制的投标文件应包括下列内容：　1）投标函及投标函附录；　2）法定代表人身份证明或附有法定代表人身份证明的授权委托书；　3）联合体协议书（如果投标人须知前附表规定不接受联合体投标的，或投标人没有组成联合体的，则无此项目）；　4）投标保证金；5）已标价工程量清单；　6）施工组织设计；　7）项目管理机构；　8）拟分包项目情况表；9）资格审查资料；　10）投标人须知前附表规定的其他材料。

编制好的投标文件正本与副本应分开包装，加贴封条，并在封套的封口处加盖投标单位公章。投标文件的封套上应清楚地标记"正本"或"副本"字样，封套上应写明的其他内容见投标人须知前附表。未按要求密封和加写标记的投标文件，招标人不予受理。

（2）投标文件的递交与接受

投标人应当在招标文件要求提交投标文件的截止时间前，将投标文件密封送达投标地点。招标人收到投标文件后，应当向投标人出具标明签收人和签收时间的凭证，记录投标文件的外封装密封情况和标识，以便在开标时查验，通常采用"投标文件接收登记表"并记录相关情况等。在开标前任何单位和个人不得开启投标文件。

逾期送达或者未送达指定地点的投标文件，招标人不予受理。未按要求密封和加写标记的投标文件，招标人不予受理。

5.4 电气工程招标控制价的编制

5.4.1 招标控制价编制的一般规定 ●

1. 招标控制价应按照招标控制价的编制依据的规定编制，不应上调或下浮。

2. 当招标控制价超过批准的概算时，招标人应将其报原概算审批部门审核。

3. 采用的材料价格应该是政府工程造价管理机构每月通过工程造价信息发布的材料价格，一般称为材料信息价。工程造价信息中未发布价格的材料，应通过市场询价确定，称为材料市场价。如果在编制招标控制价时未采用工程造价管理部门发布的材料信息价，而是采用的材料市场价，需要在招标文件中予以说明。

4. 编制招标控制价时，规费应按照《四川省建设工程工程量清单计价定额》（2020）中"规费费率计取表"中Ⅰ档费率计算。

5. 编制招标控制价时，安全文明施工费应足额计取，即环境保护费、文明施工费、安全施工费、临时设施费的费率按照基本费费率加现场评价费最高费率计取。

5.4.2 招标控制价的编制依据 ●

1.《建设工程工程量清单计价规范》（GB 50500—2013）。

2. 国家或省级、行业建设主管部门颁发的计价定额和计价办法。

3. 建设工程设计文件及相关资料。

4. 拟订的招标文件及招标工程量清单。

5. 与建设项目相关的标准、规范、技术资料。

6. 施工现场情况、工程特点及常规施工方案。

7. 工程造价管理机构发布的工程造价信息，当工程造价信息没有发布时，参照市场价。

8. 其他的相关资料。

5.4.3 招标控制价的表式组成 ●

按照《四川省建设工程工程量清单计价定额》（2020）的规定，招标控制价表格须采用统一格式，由下列表式组成：

1. 招标控制价封面。

2. 招标控制价扉页。

3. 总说明。

4. 建设项目招标控制价汇总表。

5. 单项工程招标控制价汇总表。

6. 单位工程招标控制价汇总表。

7. 分部分项工程和单价措施项目清单与计价表。

8. 综合单价分析表。

9. 总价措施项目清单与计价表。

10. 其他项目清单与计价汇总表：

（1）暂列金额明细表。

（2）材料（工程设备）暂估单价及调整表。

（3）专业工程暂估价及结算价表。

（4）计日工表。

（5）总承包服务费计价表。

11. 发包人提供材料和工程设备一览表。

12. 承包人提供主要材料和设备一览表（适用于造价信息差额调整法）。

13. 承包人提供主要材料和设备一览表（适用于价格指数调整法）。

5.4.4 招标控制价编制的方法

1. 招标控制价封面

招标控制价封面编制要求与招标工程量清单一样，必须填写与招标工程量清单一致的工程项目名称，盖招标人公章。如果招标控制价是招标人委托工程造价咨询机构编制的，还应加盖工程造价咨询人的公章。

2. 招标控制价扉页

扉页签字、盖章应完整并符合相关规定。招标人自行编制招标控制价时，招标人及法定代表人或其授权人应签字或盖章，招标控制价的编制人应签字并盖造价人员专用章，复核人应是招标人自己的注册一级造价工程师，并签字盖一级造价工程师专用章。

招标人委托工程造价咨询人编制招标控制价时，除招标人加盖单位公章外，工程造价咨询人应盖单位资质专用章，其法定代表人或其授权人应签字或盖章，招标控制价的编制人应由工程造价咨询人注册的造价工程师签字盖专用章，复核人应由工程造价咨询人注册的一级造价工程师签字并盖专用章。

在使用计算机软件进行工程计价和组价时，通常情况下，扉页上的招标控制价大小写数额均由计算机自动生成。

3. 总说明

招标控制价是在招标工程量清单的基础上编制的，必须完全按照招标工程量清单总说明的要求进行。所以招标控制价的编制总说明必须遵从招标工程量清单总说明的要求编写。

由于编制招标控制价是工程计价的范畴，编制中会出现一些新问题，也应在总说明中明示，以便招标人和投标人甚至评标专家正确使用。如材料基准价选用的哪一期工程造价信息，人工费调整系数如何确定，材料调价风险系数的选用等。

4. 建设项目招标控制价汇总表、单项工程招标控制价汇总表、单位工程招标控制价汇总表

在使用工程造价计价软件的情况下，上述三个汇总表都是由计算机自动汇总和分类的。首先按照分部分项工程费、措施项目费、其他项目费、规费、税金项目费用的计算结果，自动生成单位工程招标控制价汇总表；若干个单位工程招标控制价，自动生成单项工程招标控制价汇总表；所有的单项工程招标控制价一起，自动生成建设项目招标控制价汇总表。编制中对最后的结果一定要认真比较和核对，通过各个数据之间的逻辑关系，对其正确性作出判断。

5. 分部分项工程和单价措施项目清单与计价表

这是招标控制价编制中最重要的环节。

分部分项工程费用是指完成工程量清单列出的各分部分项工程量所需的费用，包括人工费、材料费、机械使用费、企业管理费、利润以及一定范围内的风险费用。

《建设工程工程量清单计价规范》（GB 50500—2013）规定，分部分项工程费应根据招标文件中的分部分项工程量清单项目的特征描述及有关要求，按综合单价计算。

采用综合单价计价是工程量清单计价方法的一个重要特征。按照《建设工程工程量清单计价规范》（GB 50500—2013）的规定，综合单价是完成一个规定清单项目所需的人工费、材料和工程设备费、施工机具使用费和企业管理费、利润以及一定范围内的风险费用。综合单价中的风险费用的考虑和计算也是目前工程造价管理中的重要问题。

6. 综合单价分析表

综合单价分析表包括分部分项工程费综合单价分析表和单价措施项目费综合单价分析表。综合单价分析表就是将构成招标控制价综合单价中所含人工费、材料费、机械使用费、企业管理费和利润各项费用进行分拆和分析的表格。它以构成分部分项工程和单价措施项目工程的每一项综合单价为基础，重点对综合单价中人工、材料、机械费用构成进行分析。

7. 总价措施项目清单与计价表

总价措施项目计价是指措施项目费用的发生和金额与实际完成的实体工程量大小无法直接联系的措施项目，如安全文明施工费、夜间施工增加费、二次搬运费等，应按总价措施项目计价。总价措施项目计价以"项"为单位，查计价定额中准确的费率，按照规定采用正确的计算基数，完成总价措施项目计价。

在编制招标工程量清单时，招标人提出的措施项目清单是根据一般情况确定的，没有考虑不同投标人的"个性"，由于各投标人拥有的施工装备、技术水平和采用的施工方法有差异，因此在编制招标控制价时，措施项目费应根据拟定的招标文件中的措施项目清单，依据国家或省级、行业建设主管部门颁发的计价定额和计价办法规定的标准计算。

措施项目清单中的安全文明施工费应按照国家或省级、行业建设主管部门的规定的标准计取，不得作为竞争性费用。

8. 其他项目清单与计价汇总表

其他项目是指暂列金额、暂估价（包括材料暂估单价、工程设备暂估单价、专业工程暂估价）、计日工、总承包服务费。前两项费用是招标人暂估的费用，后两项费用是招标人和投标人都需编制的费用。其他项目的具体内容应根据拟建工程的具体情况确定。

（1）暂列金额明细表。暂列金额由招标人在编制的招标工程量清单中明确，编制招标控制价时只需直接引用并填入暂列金额明细表即可，并按规定计入招标控制价的总价中。

（2）材料（工程设备）暂估单价及调整表。材料和设备的暂估单价由招标人在编制的招标工程量清单中明确，只需直接填入表内即可。暂估价中的材料单价或工程设备单价在编制招标控制价时应根据招标工程量清单中提供的单价计入综合单价。

（3）专业工程暂估价及结算价表。专业工程暂估价由招标人在编制的招标工程量清单中明确，编制招标控制价时只需直接引用并填入该表即可，并按规定计入招标控制价的总价中。

（4）计日工表。在编制招标工程量清单时，计日工项目和数量已在计日工表中相应列出，其目的是要求投标人报价。在招标人编制招标控制价时，计日工中的人工单价应按工程造价管理机构公布的单价计算，计日工中人工单价综合费按定额人工单价的 28.38% 计算。计日工中的施工机械台班单价应以《四川省建设工程工程量清单计价定额》（2020）附录一的规定为基础计算，机械单价综合费按机械台班单价的 23.83% 计算。计日工中的材料单价应按照工程造价管理机构发布的工程造价信息中的材料单价计算，工程造价信息没有发布材料单价的材料，其价格应按市场询价确定的单价计算。

（5）总承包服务费计价表。在编制招标控制价时，总承包服务费的费率和金额由招标人依据招标文件列出的服务内容和具体要求，按照《四川省建设工程工程量清单计价定额》（2020）的相关规定确定。

9. 发包人提供材料和工程设备一览表

此表由招标人在编制招标工程量清单时提出，在编制招标控制价时，编制人只需全部照转即可。

10. 承包人提供主要材料和设备一览表（适用于造价信息差额调整法）、承包人提供主要材料和设备一览表（适用于价格指数调整法）

此两表也由招标人在编制招标工程量清单时提出，在编制招标控制价时，编制人只需全部照转即可。

5.5 电气工程招标编制实例

本节以某高校教学楼电气安装工程为例,进行电气安装工程招标控制价的编制,内容及具体表式如下。

招标控制价封面

某高校教学楼电气安装工程

招 标 控 制 价

招标人: _____×　×大学_____

（单位盖章）

造价咨询人: _____×　×工程造价咨询企业_____

（单位资质专用章）

×　×　×　×　年×月×日

招标控制价扉页

某高校教学楼电气安装工程

招 标 控 制 价

招标控制价(小写):　　　　　　　4317039.89 元
　　　　(大写)：　肆佰叁拾壹万柒仟零叁拾玖元捌角玖分

招标人：　　　××大学　　　　　　造价咨询人：××工程造价咨询企业
　　　　　（单位盖章）　　　　　　　　　　　（单位资质专用章）

法定代表人　　　　　　　　　　　法定代表人
或其授权人：　　　×××　　　　　或其授权人：××工程造价咨询企业法定代表人
　　　　　（签字或盖章）　　　　　　　　　　（签字或盖章）

编制人：××签字盖造价工程师或造价员专用章　　复核人：××签字盖造价工程师专用章
　　　（造价人员签字盖专用章）　　　　　　　　　（造价工程师签字盖专用章）

编制时间：××××年×月×日　　　　复核时间：××××年×月×日

总说明

工程名称：某高校教学楼电气安装　　　　　　　　　　　　　　　第　页　共　页

一、概况

本项目为某高校教学楼电气安装工程。

二、招标范围

本项目招标范围包括：设计图纸所示范围，具体详见工程量清单。

三、报价依据

1. 业主提供的设计施工图电子版等电子版资料。

2.《建设工程工程量清单计价规范》(GB 50500—2013)及相关工程量计算规范，本工程量清单编制说明中未说明的事项应与以上规范一致，有说明的以本编制说明为准。

3.《四川建设工程工程量清单计价定额》(2020)及相关配套文件。

4. 国家有关的法律、法规、技术规范、标准图集。

5. 按四川省最新的"工程造价信息"中不含税信息价，工程造价信息未发布的材料价格参照市场价(不含材料增值税)计取。

6. 施工现场实际情况。

7. 其他相关资料。

四、报价相关事宜

本项目招标控制价为 4317039.89 元。其中含暂列金 10000.00 元，专业工程暂估价 30000.00 元。

建设项目招标报价汇总表

工程名称：某高校教学楼电气安装　　　　　　　　　　　　　　　第　页　共　页

序号	单项工程名称	金额(元)	其中：(元)		
			暂估价	安全文明施工费	规费
1	某高校教学楼电气安装	4317039.89	50000.00	125748.70	83682.78
	合计	4317039.89	50000.00	125748.70	83682.78

单项工程招标报价汇总表

工程名称：某高校教学楼电气安装　　　　　　　　　　　　　　　第　页　共　页

序号	单项工程名称	金额(元)	其中：(元)		
			暂估价	安全文明施工费	规费
1	某高校教学楼电气安装	4317039.89	50000.00	125748.70	83682.78
	合计	4317039.89	50000.00	125748.70	83682.78

单位工程招标报价汇总表

工程名称：某高校教学楼电气安装

第　页　共　页

序号	单项工程名称	金额(元)	其中:暂估价(元)
1	分部分项及单价措施项目	3663966.95	
1.1	其中:单价措施项目		
2	总价措施项目	136242.83	
2.1	其中:安全文明施工费	125748.70	
3	其他项目	65354.00	
3.1	其中:暂列金额	10000.00	
3.2	其中:专业工程暂估价	50000.00	
3.3	其中:计日工	3762.00	
3.4	其中:总承包服务费	1592.00	
4	规费	83682.78	
5	创优质工程奖补偿奖励费		
6	税前不含税工程造价	3949246.56	
6.1	其中:除税甲供材料(设备)费		
7	销项增值税额	355432.19	
8	附加税	12361.14	
招标控制价/投标报价总价合计＝税前不含税工程造价＋销项增值税额＋附加税		4317039.89	

137

分部分项工程和单价措施项目清单与计价表

工程名称：某高校教学楼电气安装 第 页 共 页

序号	项目编号	项目名称	项目特征描述	计量单位	工程量	金额（元）		其中暂估价
						综合单价	合价	
1	030401001001	油浸电力变压器	油浸电力变压器安装，SL1-500kVA/10kV	台	2	15035.94	30071.88	
2	030401001002	油浸电力变压器	油浸电力变压器安装，SL1-1000kVA/10kV	台	2	23050.39	46100.78	
3	030401002001	干式变压器	干式变压器安装，SG1-100kVA/10kV	台	2	17798.99	35597.98	
4	030404004001	低压开关柜(屏)	低压配电盘,基础槽钢,手工除锈,刷红丹防锈漆两遍	台	12	785.40	9424.80	
5	030404017001	配电箱	总照明电箱 OPA/XL-21	台	24	8235.40	197649.60	
6	030404017002	配电箱	总照明电箱 1AL/kV 4224/3	台	24	6735.40	161649.60	
7	030404017003	配电箱	总照明电箱 2AL/kV 4224/3	台	12	6735.40	80824.80	
8	030404017004	配电箱	落地式室外照明箱	台	36	2127.39	76586.04	
9	030404031001	小电器	板式暗开关,单控双联	套	294	28.63	8417.22	
10	030404031002	小电器	板式暗开关,单控单联	套	588	22.51	13235.88	
11	030404031003	小电器	板式暗开关,单控三联	套	588	35.77	21032.76	
12	030404031004	小电器	声控万能开关,单控单联	套	734	75.82	55651.88	
13	030404031005	小电器	单相暗插座 15A,5 孔	套	750	45.67	34252.50	
14	030404031006	小电器	单相暗插座 15A,3 孔	套	800	33.43	26744.00	
15	030404031007	小电器	单相暗插座 15A,4 孔	套	1021	38.53	39339.13	
16	030404031008	小电器	防爆带表按钮	个	72	117.59	8466.48	
17	030404031009	小电器	防爆按钮	个	360	77.59	27932.40	
18	030406005001	普通交流同步电动机	防爆电机检查接线 3kW,电机干燥	台	6	2518.74	15112.44	
19	030406005002	普通交流同步电动机	防爆电机检查接线 13kW,电机干燥	台	6	4048.15	24288.90	
20	030406005003	普通交流同步电动机	防爆电机检查接线 30kW,电机干燥	台	6	6362.20	38173.20	

续表

序号	项目编号	项目名称	项目特征描述	计量单位	工程量	金额(元)		
						综合单价	合价	其中暂估价
21	030406005004	普通交流同步电动机	防爆电机检查接线55kW,电机干燥	台	6	9556.03	57336.18	
22	030408001001	电力电缆	敷设35mm²以内电力电缆,热缩铜芯电力电缆头	km	1455	52.60	76533.00	
23	030408001002	电力电缆	敷设120mm²以内电力电缆,热缩铜芯电力电缆头	km	606	144.50	87567.00	
24	030408001003	电力电缆	敷设240mm²以内电力电缆,热缩铜芯电力电缆头	km	243	381.26	92646.18	
25	030408001004	电力电缆	电气配线,五芯电缆	km	2436	11.80	28744.80	
26	030408002001	控制电缆	控制电缆敷设6芯以内,控制电缆头	km	365.4	14.03	5126.56	
27	030408002002	控制电缆	控制电缆敷设14芯以内,控制电缆头	km	182.7	23.84	4355.57	
28	030414002001	送配电装置系统	照明	系统	2	379.18	758.36	
29	030414011001	接地装置	接地网	系统	1	1234.24	1234.24	
30	030411001001	配管	钢管	m	556	27.92	15523.52	
31	030411001002	配管	硬质阻燃管DN15	m	24192	11.11	268773.12	
32	030411001003	配管	硬质阻燃管DN20	m	24192	12.10	292723.20	
33	030411001004	配管	硬质阻燃管DN25	m	739.2	13.27	9809.18	
34	030411002001	线槽	钢架配管DN15,支架制作安装	m	1780.8	26.77	47672.02	
35	030411002002	线槽	钢架配管DN25,支架制作安装	m	3164.2	33.77	106855.03	
36	030411002003	线槽	钢架配管DN32,支架制作安装	m	1660.8	41.97	69703.78	
37	030411002004	线槽	钢架配管DN40,支架制作安装	m	1112.4	52.58	58489.99	

续表

序号	项目编号	项目名称	项目特征描述	计量单位	工程量	金额（元）		其中暂估价
						综合单价	合价	
38	030411002005	线槽	钢架配管 DN70，支架制作安装	m	296.6	105.98	31433.67	
39	030411002006	线槽	钢架配管 DN80，支架制作安装	m	741.6	114.22	84705.55	
40	030411005001	接线盒	暗装接线盒 50×50	个	3672	10.06	36940.32	
41	030411005002	接线盒	暗装接线盒 75×50	个	3672	11.59	42558.48	
42	030411004001	电气配线	铜芯线 6mm	m	20160	12.45	250992.00	
43	030411004002	电气配线	铜芯线 4mm	m	13656	5.35	73059.60	
44	030411004003	电气配线	铜芯线 2.5mm	m	11455.6	4.73	54184.99	
45	030411004004	电气配线	铜芯线 1.5mm	m	12366.4	5.35	66160.24	
46	030409002001	接地外线	接地母线 40×4	m	8820	47.29	417097.80	
47	030409002002	接地母线	接地母线 25×4	m	2772	20.20	55994.40	
48	030412001001	普通灯具	单管吸顶灯	套	500	66.47	33235.00	
49	030412001002	普通灯具	半圆球吸顶灯，直径 300mm	套	115	106.96	12300.40	
50	030412001003	普通灯具	半圆球吸顶灯，直径 250mm	套	115	91.81	10558.15	
51	030412001004	普通灯具	软线吊灯	套	115	83.91	9649.65	
52	030412002001	工厂灯	圆球形工厂灯（吊管）	套	115	101.38	11658.70	
53	030412003002	工厂灯	工厂吸顶灯	套	115	87.72	10087.80	
54	030412005001	荧光灯	吊链式筒式荧光灯 YG2-1	套	750	111.92	83940.00	
55	030412005002	荧光灯	吊链式筒式荧光灯 YG2-2	套	750	182.97	137227.50	
56	030412005003	荧光灯	吊链式筒式荧光灯 YG16	套	115	247.19	28426.85	
57	030412005004	荧光灯	高压水银荧光灯（带整流器）	套	115	342.19	39351.85	
合计							3663966.9	

综合单价分析表

工程名称：某高校教学楼电气安装   第 页 共 页

项目编码	30401002001	项目名称	干式变压器	计量单位	台	工程量			1

清单综合单价组成明细													
定额编号	定额项目名称	定额单位	数量	单价（元）					合价（元）				
				人工费	材料费	机械费	管理费	利润	人工费	材料费	机械费	管理费	利润
CD0008	干式变压器安装容量（kVA）≤100	台	1	1192.63	75.98	237.72	89.85	202.81	1192.63	75.98	237.72	89.85	202.81
小计									1192.63	75.98	237.72	89.85	202.81
未计价材料费（元）								16000.00					
清单项目综合单价（元）								17798.99					

材料费明细	主要材料名称、规格、型号	单位	数量	单价（元）	合价（元）	暂估单价（元）	暂估合价（元）
	干式变压器 100kVA/10kV	台	1	16000.00	16000.00		
	其他材料费				75.98		
	材料费小计				16075.98		

（其他分部分项工程综合单价分析表略。）

总价措施项目清单与计价表

工程名称：某高校教学楼电气安装　　　　　　　　　　　　　　第　页　共　页

序号	项目编码	项目名称	计算基础	费率(%)	金额(元)	调整费率(%)	调整后金额(元)	备注
1	031302001001	安全文明施工费			125748.70			
1.1	①	环境保护费	分部分项工程及单价措施项目（定额人工费＋定额机械费）	1.1	9951.34			
1.2	②	文明施工费	分部分项工程及单价措施项目（定额人工费＋定额机械费）	2.5	22616.67			
1.3	③	安全施工费	分部分项工程及单价措施项目（定额人工费＋定额机械费）	3.9	35282.01			
1.4	④	临时设施费	分部分项工程及单价措施项目（定额人工费＋定额机械费）	6.4	57898.68			
2	031302002001	夜间施工增加费			4342.40			
3	031302003001	非夜间施工增加						
4	031302004001	二次搬运费			2080.73			
5	031302005001	冬雨季施工增加费			3256.80			
6	031302006001	已完工程及设备保护费						
7	031302008001	工程定位复测费			814.20			
合计					136242.83			

编制人（造价人员）：×××　　　　　　　　　　　　复核人（造价工程师）：×××

其他项目清单与计价汇总表

工程名称：某高校教学楼电气安装　　　　　　　　　　　　　　　第　页　共　页

序号	项目名称	金额(元)	结算金额(元)	备注
1	暂列金额	10000.00		
2	暂估价	50000.00		
2.1	材料(工程设备)包估价			
2.2	专业工程新估价	50000.00		
3	计日工	3762.00		
4	总承包服务费	1592.00		
	合 计	65354.00		

暂列金额明细表

工程名称：某高校教学楼电气安装　　　　　　　　　　　　　　　第　页　共　页

序号	项目名称	计量单位	暂列金额(元)	备注
1	政策性调整和材料价格风险	项	8000.00	
2	其他	项	2000.00	
	合 计		10000.00	

材料（工程设备）暂估单价及调整表

工程名称：某高校教学楼电气安装 　　　　　　　　　　　　　　　第　页　共　页

序号	材料(工程设备)名称、规格、型号	计量单位	数量		暂估价(元)		确认价(元)		差额±(元)		备注
			暂估数量	确认数量	单价	合价	单价	合价	单价	合价	
1	敷设 35mm² 以内电力电缆	km	1455		52.60	76533.00					
2	敷设 120mm² 以内电力电缆	km	606		144.50	87567.00					
3	敷设 240mm² 以内电力电缆	km	243		381.26	92646.18					
4	电气配线 5 芯电缆	km	2436		11.80	28744.80					
5	控制电缆敷设 6 芯以内	km	365.4		14.03	5126.56					
6	控制电缆敷设 14 芯以内	km	182.7		23.84	4355.57					
合计						294973.11					

专业工程暂估价及结算价表

工程名称：某高校教学楼电气安装 　　　　　　　　　　　　　　　第　页　共　页

序号	工程名称	工程内容	暂估金额(元)	结算金额(元)	差额±(元)	备注
1	消防系统	图纸中标明的以及规范和技术说明中规定的各系统中的设备、管道、阀门、线缆等的供应、安装与调试工作	50000.00			
合计			50000.00			

计日工表

工程名称：某高校教学楼电气安装　　　　　　　　　　　　　　　　第　页　共　页

编号	项目名称	单位	暂定数量	实际数量	综合单价（元）	合价（元）	
						暂定价	实际价
一	人工						
1	高级技术工人	工日	10		150	1500	
2	普通工人	工日	15		120	1800	
	人工小计					3300	
二	材料						
1	电焊条结422	kg	4.5		6	27	
2	型材	kg	10		4.5	45	
	材料小计					72	
三	施工机械						
1	直流电焊机20kW	台班	5		40	200	
2	交流电焊机20kW	台班	5		38	190	
	施工机械小计					390	
	四、企业管理费和利润						
	总计					3762	

总承包服务费计价表

工程名称：某高校教学楼电气安装　　　　　　　　　　　　　　　　第　页　共　页

序号	工程名称	项目价值（元）	服务内容	计算基础	费率（%）	金额（元）
1	发包人发包专业工程		1. 按专业工程承包人的要求提供施工工作面并对施工现场进行统一管理，对竣工资料进行统一整理汇总 2. 为专业工程承包人提供垂直运输机械和焊接电源接入点，并承担垂直运输费和电费			300
2	发包人提供材料		对发包人供应的材料进行验收及保管和使用发放			1292
	合计					1592

规费、税金项目清单与计价表

工程名称：某高校教学楼电气安装　　　　　　　　　　　　　　　第　页　共　页

序号	项目名称	计算基础	计算基数	计算费率（%）	金额（元）
1	规费	分部分项定额人工费＋ 单价措施项目定额人工费	895961.24	9.34	83682.78
2	销项增值税额	分部分项工程费＋措施项目费＋其他项目费＋规费＋按实计算费用＋创优质工程奖补偿奖励费－按规定不计税的工程设备金额－除税甲供材料(设备)费	3949246.56	9	355432.19
3	附加税	分部分项工程费＋措施项目费＋其他项目费＋规费＋按实计算费用＋创优质工程奖补偿奖励费－按规定不计税的工程设备金额－除税甲供材料(设备)费	3949246.56	0.313	12361.14
合计					451476.11

编制人（造价人员）：×××　　　　　　　　　　复核人（造价工程师）：×××

其他略。

第 6 章　电气工程投标

6.1　电气工程投标概述

6.1.1　投标的概念

工程建设项目投标是指具有合法资格和能力的投标人根据招标文件要求，提出实施方案和报价，在规定的期限内提交标书，并参加开标，中标后与招标人签订工程建设协议的经济活动。

工程建设项目投标是建筑施工企业取得工程施工合同的主要途径，投标文件就是对招标发出的要约的承诺。投标人一旦提交了投标文件，就必须在招标文件规定的期限内信守其承诺，不得随意退出投标竞争。因为投标是一种法律行为，投标人必须承担中途反悔撤出的经济和法律责任。

6.1.2　投标的主要工作

工程施工投标中最主要的是获取投标信息、投标决策、确定投标策略及投标技巧、投标报价、编制投标文件。投标人作为投标工作的主角，主要有以下工作。

1. 确定投标方针

投标方针是指承包商在具体投标业务活动中所采取的指导思想和策略。它首先体现承包商对该地区开发的战略和部署，其次反映承包商结合当时市场情况和该项目的特点所确定的具体投标策略。

（1）进入潜力市场的投标方针

所谓潜力市场，是指具有长期开发价值的市场。一旦在这类市场遇到有利于本企业开发的项目，就应积极争取，关注长期利益，不计较一时得失。一方面要加强对竞争对手的摸底，另一方面在成本计算中对某些固定资产（如利用率较低的施工机械和管理设备等）应采取减少摊入、降低利润率等措施，或以保本报价等措施降低报价，把获利寄希望于以后的工程项目，或利用工作间隙开展小包、分包或出租机械等措施增加收入。这种做法虽然提高了竞争力，但不能保证成功，因此属于风险型决策。

（2）进入陌生市场的投标方针

所谓陌生市场，是指不熟悉、不确定、风险大的市场。对于这类市场的项目，特别是对竞争对手的情况不明时，不能盲目降价。一般应争取工程量较大、工期较长、投入施工设备的资金较少的项目；或采取分包部分工程，以减少资金投入。争取在一个工程中就把投入的大部分资金收回来，在没有把握的情况下，宁愿把标价定高一些，作为摸底。还可以采取较高报价，争取名列第二、三标，以便获得参与评比的机会，然后进行必要的活动，这样可以争取以较高报价中标。

（3）进入熟悉市场的投标方针

所谓熟悉市场，是指已开发市场或熟练业务市场。在这类市场谋求后续项目或新开发项目时，要掌握时机，务必使新项目与在建项目衔接好，并把充分利用现有设备作为确定投标方针的重要因素。对于工期衔接较好、现有设备可以充分利用的项目，应把由于减少施工设备停滞带来的利益考虑进去。承揽在建项目邻近地区的新项目，可以减少工地迁移费用，对施工条件环境熟悉，这都是有利条件。投标决策时，应将这类项目列为积极争取的项目。

2. 参加资格预审

（1）资格预审申请工作程序

1）资格预审报名，并购买资格预审文件。根据资格预审通告规定的时间和地点，持单位介绍信和本人身份证报名，并购买资格预审文件。

2）选择拟投标标段、投标形式和分包商。根据招标人的规定和企业实力，选择拟申请投标的标段。选择标段主要考虑有利于本单位的竞争优势。例如，选择能充分利用现有施工设备或能充分发挥本企业优势的标段。然后根据拟投标段工程规模和难度以及本单位能力和需要，确定独家投标或是与其他单位组成联合体投标，或者需要分包部分工程。在资格预审阶段，投标人必须对投标形式做出决策：是独立投标还是联合体投标。因为独立投标和联合体投标在资格预审材料方面的要求不同，联合体投标需填写联合体各方的有关资格预审材料。

3）填写资格预审表格。按照惯例，资格预审通常采用表格形式进行。招标人根据项目的技术经济特点和有关规定，制定统一规范的资格预审表格。投标人根据资格预审须知要求，对照表格内容逐一填写。

4）提交资格预审申请文件。资格预审申请文件（正本）应加盖法人单位公章，并由其法定代表人或其授权代理人签字。按要求密封，并按照资格预审文件规定的时间、地点和方式送达招标人。

（2）资格预审的基础工作

1）分门别类地建立企业资格预审资料信息库。资格预审时间通常很短，而所要填报的资料信息大，只有平时充分做好资格预审基础材料工作，对基本资料、人员、设备、业绩、施工方案等资料分门别类地建立企业资格预审资料信息库，并注意随时更新，才能做好投标资格预审工作。投标基础资料主要包括：公司营业执照（复印件）；公司资质证书（复印件）；公司资信登记证书（复印件）；公司简介，含公司概况表、公司组织机构框图、各类员工人数及相应证书扫描件、自有设备等资产、工程业绩证明材料等资料及图片；近 5 年已完成工程概况表和交（竣）工验收工程质量鉴定书复印件，或有关证明文件（注意随时更新）；在建工程概况表，包括工程名称、规模、承包合同段、工期、投入施工人等情况；公司主要管理和技术人员资历表，有关资质证明文件，以及人员动态表；公司拥有的施工机械、设备概况表（含名称、数量、型号、功率、购置年度、机况及在用状况）；合作单位（拟作为联合体成员或分包单位）的资质、公司概况、业绩、施工设备、财务，主要管理人员资历表等有关资料和证件；主要单位工程或分部分项的施工方案。

2）注意外树形象，内强素质。投标人在对外交往中，必须时时注意维护自身形象，树立良好的公众形象；同时，还应不断改进管理，提高效率和技术能力，以便能够随时抓住市场机会。

3）建立"信息雷达"，提高抓住机会的能力。工程建设招标信息的发布具有不定时、通知特定投标人的特点。因此，投标人必须建立良好的"信息雷达"，以提高抓住投标机会的能力和速度。

（3）资格预审申请文件的编制内容

根据《电气工程标准施工招标资格预审文件》（2018 年版），电气工程资格预审文件的编制内容包括资格预审公告、申请人须知、资格审查办法、资格预审申请文件格式、项目建设概况等。

资格预审申请文件应包括下列内容：

1）资格预审申请函。

2）授权委托书或法定代表人身份证明。

3）联合体协议书。

4）申请人基本情况。

5）近年财务状况。

6）近年完成的类似项目情况表。

7）申请人的信誉情况表。

8）拟委任的项目经理和项目总工资历表。

9）其他资料：详见《电气工程标准施工招标资格预审文件》（2018 年版）申请人须知前附表。

投标人应充分理解拟投标项目的技术经济特点和业主对该项目的要求，除了提供规定的资料外，应有针对性地提交能反映本企业在该项目上特长和优势的材料，以便在资格预审时就引起业主注意，留下良好印象，为下一步投标竞争奠定基础。

（4）资格预审申请文件的装订、签字

3. 研究招标文件

精读、分析招标文件的目的有：

（1）全面了解承包人在合同中的权利和义务。

（2）深入分析施工中承包人所面临和需要承担的风险。

（3）缜密研究招标文件中的漏洞和疏忽，为制订投标策略寻找依据，创造条件。

招标文件内容广泛，投标人应对以下 5 个可能对投标结果产生重大影响的方面加以注意。

1）投标人须知。

2）认真研究合同条件。

3）认真研究技术规范和报价项目内容。

4）招标图纸和参考资料。

5）工程量清单。

大部分电气工程采用单价合同或以单价合同为主的合同，一般由招标人提供有数量的工程量清单供投标人报价时使用。

4. 现场考察

现场考察是承包商投标时全面了解现场施工环境和施工风险的重要途径，是投标人做好投标报价的先决条件。通常，在招标过程中，业主会组织正式的现场考察。按照国内招标的有关规定，投标人应参加由业主（招标人）安排的正式现场考察，不参加正式现场考察者，可能会被拒绝投标。投标人提出的报价应当是在现场考察的基础上编制出来的，而且应包括施工中可能遇到的各种风险和费用。

投标人在现场考察之前，应事先拟定好现场考察的提纲和疑点，设计好现场调查表格，做到有准备、有计划地进行现场考察。现场考察的主要内容如下：

（1）地理、地貌、气象方面

1）项目所在地及附近地形地貌与设计图纸是否相符。

2）项目所在地的河流水深、地下水情况、水质等。

3）项目所在地近 20 年的气象情况，如最高最低气温、月雨量、雨日、冰冻深度、降雪量、冬季时间、风向、风速、台风等。

4）当地特大风、雨、雪、灾害情况。

5）地震灾害情况。

6）自然地理：修筑便道位置、高度、宽度标准，运输条件及水、陆运输情况等。

（2）工程施工条件

1）工程所需当地建筑材料的料源及分布地。

2）场内外交通运输条件，现场周围道路桥梁通过能力，便道便桥修建位置、长度、数量。

3）施工供电、供水条件，外电架设的可能性（包括数量、架支线长度、费用等）。

4）新建生产生活房屋的场地及可能租赁民房情况、租地单价。

5）当地劳动力来源、技术水平及工资标准情况。

6）当地施工机械租赁、修理能力、价格水平。

（3）自然资源和经济方面

1）工程所需各种材料，当地市场供应数量、质量、规格、性能能否满足工程要求及其价格情况。

2）当地借土地点、数量、单价、运距。

3）当地各种运输、装卸及汽柴油价格。

4）当地主副食供应情况和近 3~5 年物价上涨率。

5）保险费、税费情况。

（4）工程施工现场人文环境

工程施工现场人文环境主要指工程所在地有关健康、安全、环保和治安情况，如民风民俗、医疗设施、救护工作、环保要求、废料处理、保安措施等。

5. 投标质疑

这是投标工作的重要一环。从招标人发售招标文件开始至招标文件规定的时间内，投标人有权以书面方式提出各种质疑，招标人也有权对招标文件中存在的任何问题进行修改和补遗。招标人对上述书面答复、修改和补遗，以编号的补遗书方式寄给购买招标文件的所有投标人，且这些补遗书也将成为招标文件的组成部分，对将来签订合同双方均具有法律约束力。在要求业主澄清招标文件时，应注意如下事项：

（1）招标文件中对投标者有利之处，不要轻易提请澄清（它可以成为投标人制订报价技巧的突破口）。

（2）不要轻易让竞争对手从投标人提出的问题中窥探出投标者的设想、施工方案。

（3）对含糊不清的重要合同条款，如工程范围不清楚、招标文件和图纸相互矛盾、技术规范明显不合理等问题，均可要求业主或招标人澄清解释。

（4）关于业主或招标人的澄清或答复，应以书面文件为准，切不可以口头答复为依据来确定标价。

6. 编写施工技术标书——施工组织设计

投标人在详细研究招标文件，考察施工现场并准备和掌握足够的基础资料、信息后，即可按招标文件所附的格式和要求，编写施工组织设计文件。施工组织设计既是评、定标的重要资料，也是投标人编制商务标书和报价文件的依据。

7. 编写商务标书

商务标书主要以表格的形式反映投标人基本信息、人员、设备、业绩、财务能力等基础数据以及施工组织设计的有关参数摘要，是招标人了解和评价投标人的重要资料之一。

8. 制定报价策略、技巧，编制工程量清单等报价文件

报价文件是投标文件中最重要的部分，既是招标人评、定标的重要依据，也是投标人能否中标和中标后能否实现效益的基础。

9. 合成、报送标书，参加开标会

投标文件的商务部分、技术部分和报价部分编制完成，并经过反复校核无误后，投标人应将这3部分资料进行合成，统一编码，打印输出，按要求进行封装，然后在投标截止期前送交开标现场，并派人参加开标会，做好现场开标记录。

10. 澄清投标书

开标后，投标人必须根据开标情况，分析自己投标书中可能需要澄清的地方，然后有针对性地准备好拟澄清资料，供需要时使用。

11. 合同谈判，签订合同

如果投标人已收到了中标通知书或已确定为中标候选人，就必须认真准备好合同谈判的资料，办理或准备好拟签订合同的履约担保、开工预付款担保等担保书，筹备或计划好拟进场的资源配置。

12. 标后分析与总结

标后分析与总结是投标工作不可或缺的一环，通过这项工作，投标人可以分析得失，总结经验教训。

以上工作任务基本上按照先后顺序进行编排，但有一些工作可以交叉同时进行，如标书3个部分的编制等。

6.2 电气工程投标程序

6.2.1 投标决策阶段

1. 研究招标文件

投标单位报名参加或接受邀请参加某一工程的投标，通过资格预审并取得招标文件后，首要工作就是认真仔细地研究招标文件，充分了解其内容和要求，以便有针对性地安排投标工作。

招标文件内容广泛，投标人应对以下5个可能对投标结果产生重大影响的方面加以注意。

（1）投标人须知

前面我们已经对投标人须知有所了解，它详细说明了投标人在整个投标阶段应遵守的程序、时间安排、注意的事项、权利和义务。投标人一旦提交了投标文件，则应在整个投标文件有效期内对其投标文件负责。在投标人须知中，应特别注意招标人评标方法和标准、授予合同的条件等，以使投标人有针对性地投标。投标一旦偏离或者不完整，就有可能导致废标。

（2）认真研究合同条件

合同条件是商业性的，但仍具有法律效力。投标人员平时应多看，多熟悉、研究通用条件。专用条件则是针对本项目，由业主制订的，对通用条件起补充作用的条款，它体现了本地区、本项目的特点，要在投标阶段着重研究。其中那些对投标书编制，特别是对投标报价影响较大的条款，尤其应认真注意、反复研究。

1）有关工期要求及延期惩罚（或提前完工奖励）的规定。工期对于承包工程是硬指标，能否按期完成，是承包商信誉的首要因素。拖期往往被认为是承包商履约能力不强的表现，不但会给业主造成经济损失，而且由于拖长工期，投标人自己的人工费、管理费、设备折旧费等开支将增加，还影响资金、施工设备、人员的周转使用，从而使工程成本加大。同时，还可能导致业主的反索赔——延期罚款。罚款额按日计算，一般以合同总额的几千分之一计。例如，延迟 1 日罚款 1/5000 ~ 1/2000 合同金额，即大型工程每日罚款可达上万元，小型工程也有几千元。有的标书还规定按累进原则进行处罚，达到规定额度（如达到合同金额的 5%），业主就有权自行安排其他承包人承接部分或全部剩余工程，一切费用由原承包商承担；甚至取消合同，没收履约保函，冻结承包商资产，并进一步索取赔款。

为了取得信誉和避免经济损失，承包商务必根据规定的工期安排施工计划，配备足够的施工设备和劳务。另外，工期的计算方法对施工组织计划也有影响，有些标书规定合同批准（生效）后即下达开工令，下开工后第二天就开始计算工期，这样就不得不把施工准备（如组建项目经理部驻点、组织机械人员进场）安排在工期之内，从而缩短工程的实际工作时间。也有许多标书规定，下达开工令后一段时间（如 1 个月或 2 个月）再开始计算工期，这样承包商就可在工期开始前进行现场施工准备工作。工程竣工只进行初步验收，直到缺陷责任期满才进行最终验收，因而缺陷责任期中出现的质量问题（仅仅指由于施工质量引起的损坏）仍由承包商负责修复。标书规定的缺陷责任期一般为 1 年，这就增加了承包商的责任和费用，应在投标时予以注意。

2）关于预付款及保留金。开工预付款是业主在工程结算之前，提供给承包商做施工准备、购置施工机械和材料用的，属无息贷款。在工程结算中，从开始或结算额到一定比例后逐月扣还，这可缓解承包商初期资金的紧张程度。各个国家，不同的业主对预付款的规定差异较大，因此要仔细查阅。通常情况有开工预付款和材料、施工机械预付款，开工预付款一般为合同总额的 10% ~ 20%。材料预付款是指按规范要求外购的材料，送到工地经工程师检验后按一定比例（如按料价的 70% ~ 80%）预先结算付款，材料预付款有一个最高限额，即预付总额不超过一定比例（如 5% ~ 10% 的合同总额）。施工机械预付款是按到场新机械的购置费或旧机械估算价的某种比例（如 60%）预付，也有规定限额（如不超过合同总金额的 20%），大多数不单独开列，与开工预付款联系起来，即包括在开工预付款的限额内，作为开工预付款的一种支付条件。

保留金实际上是工程结算时扣留的施工质量问题维修保证金，一般规定为结算金额的 5%~10%，在初步竣工验收后退还一部分，在缺陷责任期满且工程最终验收后全部退还承包商。有的国家则规定只要提供保留金保函，就可不再扣留这笔款项。上述条件要在研究合同特别条款时查阅清楚。

3）报价方式和支付条件。报价方式和支付条件是投标书编制中需要特别注意的问题，拿到招标文件后首先要清楚招标文件规定的合同类型。工程一般是以单价和按月计量支付为基础的，但个别项目也有成本加酬金或其他类型的报价方案供选择。

4）关于税收。许多地区在标书中要求承包商按照有关规定缴纳各种税款，但并未详细开列应考虑的纳税项目，或者只开列一些主要项目，而并不提供有关细节。因此，承包商必须通过各种途径弄清纳税项目、税率和纳税程序。

5）其他方面。标书中关于工程保险、第三者保险、承包商运输和工程机械保险的规定，以及有关各种保函的开具要求都要逐项研究。履约保函一般为合同金额的 10%，但也有交担保金等方式。此外，还有预付款保函，一般要求开具全额保函。

（3）认真研究技术规范和报价项目内容

编制投标价要按照招标文件中技术规范的要求和工程量清单中开列的项目以及对每条项目工程内容的说明进行，任何疏忽都将造成失误。在新到一个地区，要逐条逐句阅读技术规范条文，而不能认为个别条目与投标人在另一地区所遇到的大体相同就不再认真阅读分析，因为不同项目对同样工作项目所含的内容并不一定相同。因此，对于综合性项目，要注意所罗列的工作内容。

对于技术规范规定的工作内容，在工程量清单中未开列出来的或未明文包括进去的，也要计算在所列项目中，否则将成为漏项。如有不明确之处，可在标前会议向业主提出澄清，对工程量清单所列内容含疑的项目要特别注意。有的标书对隐蔽工程未做勘探，只提出粗略估计数量，一旦数量差异较大，工程难度将超过预计。因此，在遇到类似的可疑情况时，应设法进行调查，甚至做试探性勘探。否则，就需要在投标书中提出相应的制约条件。例如，当发生工程数量大于所列清单"名义数量"某种限度，应要求另行议价，以便在出现上述意外情况时能够进行索赔交涉，同时还应把报价适当提高，以免承担过大的风险。

（4）招标图纸和参考资料

招标图纸是招标文件和合同的重要组成部分，是投标人在拟订施工组织方案、确定施工方法乃至提出替代方案、计算投标报价时必不可少的资料。投标人在投标时应严格按照招标图纸和工程量清单计算投标价，即使允许投标人提出替代方案投标，也必须首先按照招标图纸提出投标报价，然后再提出替代方案的投标报价，以供评标时进行审查与比较。招标图纸中所提供的地质钻孔柱状图、土层分层图等均为投标人的参考资料。招标人提供的水文、气象资料等也是参考资料，投标人应根据上述资料作出自己的分析和判断，据此拟订施工方案，确定施工方法，提出投标报价，业主和监理工程师对这类分析和判断概不负责。

（5）工程量清单

大部分电气工程采用单价合同或以单价合同为主的合同，一般由招标人提供有数量的工程量清单供投标人报价时使用。研究招标文件工程量清单时，应注意以下事项：

1）应当仔细研究招标文件中的工程量清单的编制体系和方法。

2）结合工程量清单、技术规范和合同条款研究永久性工程之外的项目有何报价要求。

3）结合投标须知、合同条件、工程量清单，注意对不同种类的合同采取不同的方法和策略。对于承包商而言，在总价合同中承担工程方面的风险，则应尽量将工程量核算准确；在单价合同中，承包商主要承担单价不准确的风险，因此应对每一子项工程的单价作出详尽细致的分析和综合。

4）核实工程量。招标项目的工程量在招标文件的工程量清单中有详细说明，但由于种种原因，工程量清单中的工程数量会和图纸中的数量存在不一致的现象。因此，无论是总价合同，还是单价合同，投标人都应依据工程招标图纸和技术规范，对招标文件中工程量清单的各项工程量进行逐项核对。这项工作是必需的，也是十分重要的。如果投标时间紧迫，来不及核定所有项目的工程量时，也应对那些工程量大和造价高的主要项目进行核算。一般情况下招标文件都规定，工程量清单中的各项工程量是投标时的参考工程量，既不能更改，也不作为合同实施时工程价款支付的依据。如果投标人经核算某项工程量相差较大，且将在工期上给投标人带来较大风险时，应通知招标人改正，然后按改正后的工程量报价。如果招标人坚持不改时，则可按有条件报价或将其风险费用摊入投标报价中。一般的工程量偏差只能按原工程量报价。建议当工程量清单中某项目工程量偏小时，投标人可适当提高单价，合同实施时，由于该项目实际工程量增加，可以获得较多利润；如原工程量偏大时，可以适当降低单价，这样可以降低总报价，增加中标机会。当然这样做会使该项目的将来工程价款结算额减少，因此应把此减小的款额摊入同期施工的其他项目中。

2. 调查投标环境

投标环境就是招标工程施工的自然、经济和社会条件，这些条件都可以成为工程施工的制约因素或有利因素，必然会影响到工程成本，是投标单位报价时必须考虑的，因此在报价前需尽可能了解清楚。

投标人在现场考察之前，应事先拟定好现场考察的提纲和疑点，设计好现场调查表格，做到有准备、有计划地进行现场考察。

6.2.2 投标准备阶段——标前成本分析 ··●

1. 标前成本分析的概念

标前成本分析就是在工程投标前，根据工程的特点、施工条件、工期、质量要求和当时的市场价格，结合施工企业的现有技术装备、人力、物力、资金状况等因素，利用历史数据资料、统计分析及数学模型预先对工程成本进行成本分析，用以指导投标报价。

2. 标前成本分析的目的

标前成本分析是企业管理中一项非常重要的工作，它能够帮助企业更好地作出投资决策。标前成本分析的目的在于全面评估潜在投资项目的成本和效益，这个过程包括评估项目各种成本，例如直接成本、间接成本、固定成本和变动成本等，以及将这些成本与预计的收益和效益相比较。通过对投资项目进行全面的标前成本分析，企业能够更好地预测项目的盈利能力，选择最有利的投资方案，并为企业的长期规划和战略制定提供支持。

标前成本分析对企业的投资决策非常重要。首先，标前成本分析可以提供准确的成本和效益预测，以帮助企业评估投资项目的真实盈利能力。这个过程中，企业需要清晰地了解项目的所有成本、收益和效益，包括投资所需的成本、其他额外的支出、项目所带来的收益，以及项目的潜在风险。通过对这些因素进行全面的评估，企业能够得出合理的预测，以便更好地制定投资决策。

其次，标前成本分析还可以帮助企业合理配置资源。通过评估投资项目的成本和盈利能力，企业可以清晰地了解其使用资源的情况，进而更好地掌握资源利用情况和管理资源的方法。企业可以在资源利用方面作出更加明智的决策，以达到最大效益。

再次，标前成本分析还能帮助企业评估不同投资方案的优劣。企业通常需要考虑多个投资方案，以确定最适合自身发展的投资方案。标前成本分析能够充分评估每个方案的成本和盈利能力，以便企业作出更为明确和准确的投资决策。

最后，标前成本分析也有助于企业长期规划和战略的制定。企业需要长远眼光来考虑自身发展，通过标前成本分析，企业可以对每个投资项目的长远效益进行预测，以帮助企业确定更长期的战略和规划。

总之，标前成本分析是企业管理中非常重要的工作，其目的在于帮助企业更准确地评估投资项目的成本和效益、合理配置资源、评估不同投资方案的优劣以及支持企业长期规划和战略的制定。这项工作需要全面了解项目的所有成本和收益，彻底考虑每个因素的影响，并作出明智的决策。在信息化时代，标前成本分析更需要依赖专业化的决策支持技术和数据分析工具，以充分发挥其价值和效益，为企业发展提供科学的支持。

3. 标前成本分析的依据

（1）新项目的补充定额。

（2）招标文件和施工图纸。

（3）现场考察时对于重点地点、部位、料场分析记录的资料。

（4）业主提供的工程量清单。

（5）企业制定的使用的施工定额及标准。

（6）已完成的相近项目的工程资源消耗量数据。

（7）企业自身的成本测算数据库。

（8）投标报价初始资料及其他依据。

（9）编制经济合理的施工组织设计。

4. 标前成本分析的总体思路

（1）前期准备工作

标前成本分析是投标前根据设计资料及招标文件等业主的下发资料，结合项目所在地市场调研和企业成本，按照企业标前施工组织设计所作出的成本分析资料。标前成本分析是投标报价的基础，而成本分析的开展需要大量资料，首先是业主提供的各项资料，包括招标文件、工程量清单等；其次是现场考察资料以及市场材料、机械等的价格调查资料；最后是类似工程项目的成本分析资料。

（2）标前成本分析的具体流程，见图 6-1

图 6-1　成本分析流程

1）组织架构建立：根据项目情况，建立组织架构，明确人员分工，组织成员选择有类似工程经验的人员会使得整个成本分析流程更加顺利。

2）研究招标文件：投标报价是对招标文件的一个回应，而标前成本分析是投标报价的基础，熟悉招标文件，厘清招标范围的边界才能做好标前成本分析，从而提出合理的投标报价。

3）现场考察：对现场情况的了解是标前成本分析的一个重要依据，施工企业只有认真考察现场情况，才能充分了解施工现场和周围环境情况，拟定实际的施工组织设计，预测施工中可能出现的风险，为标前成本测算提供依据。

4）市场询价：要深入调查材料价格，就要实地考察工程所在地的材料市场环境。从材料的质量、厂商的供货能力、材料价格比选等方面综合确定材料市场价格。按照目前营改增的模式，材料价格调查应明确材料单价是否含税，以及可抵扣的进项税税率，材料价格应按照到场价考虑。材料价格调查尽可能做到货比三家，材料供应商尽可能在企业合格供应商名录内。

5）复核工程量：根据图纸、现场踏勘及工程量清单，复核工程量与招标工程量之间差额。同时，可以根据工程量大小选择合适的施工方法和施工机具，投入相应的劳动力数量。

6）标前成本分析：根据收集的资料进行成本汇总，对成本测算的真实性、合理性进行分析。

5. 标前成本分析步骤

（1）制定施工方案

施工方案是投标报价的一个前提条件，也是招标单位评标时要考虑的主要因素之一。施工方案应由施工单位的技术负责人主持制订，主要考虑施工方法、主要施工机具的配备、各工种劳动力的安排及现场施工人员的平衡、施工进度及分批竣工的安排、安全措施等。施工方案的制订应在技术和工期两个方面对招标单位有吸引力，同时又有助于降低施工成本。

（2）投标价的计算

投标价的计算是投标单位对将要投标的工程所发生的各种费用的计算。在进行投标计算时，必须首先根据招标文件计算和复核工程量，作为投标价计算的必要条件。另外在投标价的计算前，还应预先确定施工方案和施工进度，投标价计算还必须与所采用的合同形式相协调。

（3）标前成本的主要因素

对于重要分析对象的选择，是先章节再细目最后到工料机的过程，是从大到小、从粗到细的过程，而成本的分析过程则是先工料机单价再细目单价、最后章节合价的过程，是从小到大、由细到粗的过程。清单的细目单价是通过套用预算定额得出的，而预算定额是以人工、材料、机械台班消耗量来表现的，业主发布的工程量清单作为投标人报价的共同基础，在定额消耗量一定的情况下，影响清单单价的主要因素就是人工、材料、机械台班和管理费的单价。

6. 标前成本分析实例

本项目为四川省某高校教学楼电气安装项目，位于成都市青羊区某街道，建筑占地面积为 4560m²，建筑层数为地上五层，建筑总高度为 20.7m，本工程建筑抗震设防烈度为 7 度，设计基本地震加速度值为 0.15g，设计地震分组为第三组，设计特征周期为 0.65s。本工程结构体系为现浇混凝土结构，建筑等级为二级，建筑主体结构设计使用年限 50 年，建筑防火为二类，耐火等级为二类，抗震等级为三级，建筑场地类别为 Ⅲ 类，地基液化判别为不液化，为建筑抗震有利地带，地面粗糙度类别为 B 类，地基基础设计等级为乙级。该电气工程招标控制价为 4317039.89 元，由分部分项工程清单、单价措施项目、总价措施项目、其他项目、规费税金等多项费用组成。

（1）人工费成本分析

依据《通用安装工程消耗量定额》（TY02—31—2015）以及招标人提供的工程量清单，

计算出本工程项目的人工工日消耗量为 7787.20 个工日。其中，普工为 2393.84 工日、一般技工（包括机上人工）为 4282.96 工日、高级技工为 1110.40 工日。对人工费的成本分析如表 6-1 所示。

劳务分包人工费明细表

表 6-1

工程名称：某高校教学楼电气安装

序号	分部分项名称	单位	数量	劳务公司一 单价（元）	劳务公司一 单价（元）	市场指导价 单价（元）	施工成本 合价（元）	投标报价 合价（元）
1	普工	工日	2393.84	83	85	90	184660.89	200234.7
2	一般技工（包括机上人工）	工日	4282.96	110	115	120	489462.6	533959.2
3	高级技工	工日	1110.40	140	143	150	155738.8	166863
合计				825270.32	854804	895961.24	829862.29	895961.24

（2）材料成本的分析

对材料成本的控制可从确定最经济的采购量、确定最佳供应商、降低材料运输成本、严格执行材料使用规划、最大化发挥材料的作用和做好残料废料的回收工作等几方面着手。本工程材料主要从长期合作的供应商处采购，该价格低于市场价，利于控制材料成本。本案例选取几种主要的材料设备进行成本实例分析，见表 6-2。

主要材料成本分析

表 6-2

工程名称：某高校教学楼电气安装

序号	材料名称	单位	数量	供货商一 单价（元）	供货商二 单价（元）	供货商三 单价（元）	施工成本 单价（元）	投标报价 单价（元）
1	照明配电箱 OPA/XL—21	台	24	6800	6925	6832	6925	7500.00
2	照明配电箱 1AL/kV4224/3	台	24	5880	5800	5900	5800	6000.00
3	照明配电箱 2AL/kV4224/3	台	12	5600	5950	5800	5950	6000.00
4	板式暗开关单控双联 250V，10A	只	299.88	14	11	13	11	15.00
5	板式暗开关单控单联 250V，10A	只	599.76	7	9	7	9	10.00
6	板式暗开关单控三联 250V，10A	只	599.76	21	20.5	21.5	20.5	22.00

序号	材料名称	单位	数量	供货商一	供货商二	供货商三	施工成本	投标报价
				单价（元）	单价（元）	单价（元）	单价（元）	单价（元）
7	单相五孔安全插座 250V，15A	套	765	28	28.5	27	28.5	30.00
8	单相三孔安全插座 250V，15A	套	816	18	18.5	19.5	18.5	20.00
9	电力电缆 35mm^2	m	1469.55	42	41	41.5	41	43.00
10	电力电缆 120mm^2	m	612.06	126	128	125	128	128.00
11	电力电缆 240mm^2	m	245.43	350	347	348	347	355.00
12	硬质阻燃管 DN20	m	27095.04	2	1.7	1.8	1.7	2.10
13	硬质阻燃管 DN25	m	27095.04	2.2	2.1	2	2.1	2.50
14	钢管 DN20	m	1834.224	9	8	8	8	10.00
15	钢管 DN25	m	3259.126	13	14	12	14	15.00
16	管内穿线 BV10mm^2	m	21168	8.5	8	8.8	8	9.80
17	管内穿线 BV4mm^2	m	28624.64	3.5	3	3.8	3	4.00
18	管内穿线 BV2.5mm^2	m	13288.496	2.4	2.1	2	2.1	2.50
19	双管荧光灯 40W	套	757.5	133	130	128	130	135.00
20	单管荧光灯 40W	套	757.5	68	65	68	65	70.00
	……							
合价				2067546.2	1956387.8	2045314.52	1956387.8	2112009.56

（3）机械费的分析

机械则从公司合作的租赁公司租赁，依据《通用安装工程消耗量定额》（TY02—31—2015）计算该工程的台班数量。本实例以汽车式起重机 8t、载重汽车 8t、载重汽车 5t、交流弧焊机 21kV·A 和滤油机 LX100 型为例进行分析，具体见表 6-3。

主要机械成本分析　　　　　　　　　　　　　表 6-3

工程名称：某高校教学楼电气安装

序号	工程项目	台班数量	市场指导价	租赁公司一	租赁公司二	租赁公司三	施工成本	投标报价
			元/台班	元/台班	元/台班	元/台班	合价（元）	合价（元）
1	汽车式起重机 8t	4.466	450.59	440.5	445.8	448.5	1967.273	2012.33494
2	载重汽车 8t	2.34	408.49	400.00	398.00	396.00	936	955.8666
3	载重汽车 5t	2.448	326.61	320.00	325.00	322.56	783.36	799.54128
4	交流弧焊机 21kV·A	7.68	64.59	62.50	60.5	61.5	480	496.0512

续表

序号	工程项目	台班数量	市场指导价	租赁公司一	租赁公司二	租赁公司三	施工成本	投标报价
			元/台班	元/台班	元/台班	元/台班	合价（元）	合价（元）
5	滤油机 LX100 型	3.272	261.72	260.70	258.00	258.52	853.0104	856.34784
	……							
	合价			8064.18	8430.73	8522.37	8064.18	8705.65

（4）对比分析

通过对人工费、材料费、机械费成本的分析，可以得出本案例项目的投标报价和施工成本最低限额的对比分析汇总表，具体如表 6-4 所示。

对比分析汇总表　　　　　　　　　　　　　表 6-4

工程名称：某高校教学楼电气安装

序号	项目	施工成本（元）	投标报价（元）	招标控制价（元）	施工单方成本（元/m²）	投标报价单方成本（元/m²）	招标控制价单方成本（元/m²）
1	人工费	825270.32	895961.24	895961.24	180.98	196.48	196.48
2	材料费	1956387.8	2112009.56	2289363.25	429.03	463.16	502.05
3	机械使用费	8064.18	8705.65	9218.95	1.77	1.901	2.02
4	综合费用/管理费	408333.905	443286.7761	469423.51	89.55	97.21	102.94
5	总价措施费用/安全文明施工费	136242.83	136242.83	136242.83	29.88	29.88	29.88
6	其他项目措施费	65354.00	65354.00	65354.00	14.33	14.33	14.33
7	规费	68992.60	83682.78	83682.78	15.13	18.35	18.35
8	税前合价	3468645.63	3761506.91	3949246.56	760.67	824.89	866.06
9	税额	323034.99	350309.14	367793.33	70.84	76.83	80.66
10	合价	3791680.60	4111816.05	4317039.89	831.51	901.71	946.72

通过表 6-4 的分析，可以得出在对该工程的人工、材料和机械三部分的成本进行控制时，工程的成本为 386 万元左右，相对于招标控制价降低了 10.62% 左右。若在此基础上通过管理的手段提升工程效率，降低管理成本，工程成本可降低为 3791680.60 元，单方成本为 831.51 元/m²，是招标控制价的 87.83%，利润大概为 525359.29 元。投标报价为 4111816.05 元，单方成本 901.71 元/m²，大概为招标控制价的 95.25%。

现已有多个地区对投标合理最低价的确定作出了相关规定，如：

北京市在《北京市建设工程施工综合定量评标办法》第二十二条中规定，投标人应当以书面形式对评标委员会提出的问题作出澄清、说明或者补正，但不得超出投标文件的范围或者改变投标文件的实质性内容；房屋建筑工程投标报价低于标底 6% 或招标控制价 6%

的，或者评标委员会认为投标报价组成明显不合理的，评标委员会应当要求投标人就其报价的合理性作出详细说明，评标委员会对该报价应进行详细分析及质询。

上海市在《上海市房屋建筑和市政工程施工招标评标办法》第七条合理最低价中规定，房屋建筑下浮范围为3%~6%，市政工程下浮范围为3%~8%，本市根据情况适时对下浮范围进行调整。

湖南省在《湖南省房屋建筑和市政基础设施工程施工投标报价成本评审暂行办法》第六条中规定，招标人应当在招标文件中明确重点评审单价的评审标准。重点评审单价中，任意一项低于评审标准的，应当认定该投标人以低于成本报价竞争，否决其投标。其中，单独招标的安装工程为最高投标限价的90%~92%。

四川省在《四川省房屋建筑和市政工程工程量清单招标投标报价评审办法》第二十六条中提出启动低于成本评审的前提条件。当投标人投标报价中的评审价（评审价=算术修正后的投标总价-安全文明施工费-规费-专业工程暂估价-暂列金额-创优质工程奖补偿奖励费，下同）满足下列情形之一时，评标委员会必须对投标人的投标报价是否低于成本进行评审：

（1）投标人的评审价低于招标控制价相应价格（招标控制价相应价格=招标控制价-安全文明施工费-规费-专业工程暂估价-暂列金额-创优质工程奖补偿奖励费，下同）的85%。

（2）投标人的评审价低于招标控制价相应价格的90%且低于所有投标人（指投标文件全部内容经过详细评审而未被否决的投标人）评审价算术平均值的95%。

当投标人的评审价低于招标控制价相应价格的85%时，投标人应在投标报价中对其低报价进行说明，阐明理由和依据，并在投标文件中附相关证明材料。

本案例是根据四川省投标报价相关规定进行标前成本分析，计算出该电气工程的投标报价比招标控制价下浮了4.75%，符合规定要求。

6.2.3 投标报价阶段——投标策略应用

1. 确定投标策略

正确的投标策略对提高中标率、获得较高的利润有重要的作用。投标策略主要内容有：以信取胜、以快取胜、以廉取胜、靠改进设计取胜、采用以退为进的策略、采用长远发展的策略等。

2. 投标报价主要策略

投标报价策略指的是承包商在投标竞争中的系统工作部署及其参与投标竞争的方式和手段。投标人的决策活动贯穿投标全过程，是工程竞标的关键。投标的实质是竞争，竞争的焦点是技术、质量、价格、管理、经验和信誉等综合实力。所以必须随时掌握竞争对手的情况和招标业主的意图，及时制订正确的策略，争取主动。投标策略主要有投标目标策略、技术方案策略、投标方式策略、经济效益策略等。

（1）投标目标策略指的是投标人应该重点对哪些适宜的招标项目投标。

（2）技术方案策略。技术方案和配套设备档次（品牌、性能和质量）的高低决定了整个工程项目的基础价格，投标前应根据业主投资的大小和意图进行技术方案决策，并指导报价。

（3）投标方式策略。指导投标人是否联合合作伙伴投标。中小型企业依靠大型企业的技术、产品和声誉的支持进行联合投标是提高其竞争力的一种良策。

（4）经济效益策略。直接指导投标报价。制订报价策略必须考虑投标者的数量、主要竞争对手的优势、竞争实力的强弱和支付条件等因素，根据不同情况可计算出高、中、低三套报价方案。

1）常规价格策略。常规价格即中等水平的价格，根据系统设计方案，核定施工工作量，确定工程成本，经过风险分析，确定应得的预期利润后进行汇总。然后再结合竞争对手的情况及招标方的心理底价对不合理的费用和设备配套方案进行适当调整，确定最终投标价。

2）保本微利策略。如果夺标的目的是在该地区打开局面、树立信誉、占领市场和建立样板工程，则可采取保本微利策略。甚至不排除承担风险，宁愿先亏后盈。此策略适用于以下情况。

①投标对手多、竞争激烈、支付条件好、项目风险小。

②技术难度小、工作量大、配套数量多、各家企业都乐意承揽的项目。

③为开拓市场，急于寻找客户或解决企业目前的生产困境。

3）高价策略。符合下列情况的投标项目可采用高价策略。

①专业技术要求高、技术密集型的项目。

②支付条件不理想、风险大的项目。

③竞争对手少、各方面都占绝对优势的项目。

④交工期甚短、设备和劳力超常规的项目。

⑤特殊约定（如要求保密等）、需要有特殊条件的项目。

6.2.4　标书投递

编制正式的投标书并投递。投标单位应该按照招标单位的要求和确定的投标策略编制投标书，并在规定的时间内送到指定地点。

投标文件的商务部分、技术部分和报价部分编制完成，并经过反复校核无误后，投标人应将这3部分资料进行合成，统一编码，打印输出，按要求进行封装，然后在投标截止期前送交开标现场，并派人参加开标会，作好现场开标记录。

6.3 投标报价的编制

6.3.1 编制依据

1. 《建设工程工程量清单计价规范》（ GB 50500—2013 ）。
2. 国家或省级、行业建设主管部门颁发的计价办法。
3. 企业定额，国家或省级、行业建设主管部门颁发的计价定额和计价办法。
4. 招标文件、招标工程量清单及其补充通知、答疑纪要。
5. 建设工程设计文件及相关资料。
6. 施工现场情况、工程特点及投标时拟定的施工组织设计或施工方案。
7. 与建设项目相关的标准、规范等技术资料。
8. 市场价格信息或工程造价管理机构发布的工程造价信息。
9. 其他的相关资料。

6.3.2 表式组成

按照《四川省建设工程工程量清单计价定额》（ 2020 ）的规定，投标报价表格须采用统一格式，由下列表式组成：

（1）投标总价封面。

（2）投标总价扉页。

（3）总说明。

（4）建设项目投标报价汇总表。

（5）单项工程投标报价汇总表。

（6）单位工程投标报价汇总表。

（7）分部分项工程和单价措施项目清单与计价表。

（8）综合单价分析表。

（9）总价措施项目清单与计价表。

（10）其他项目清单与计价汇总表：

1）暂列金额明细表。

2）材料（工程设备）暂估单价及调整表。

3）专业工程暂估价及结算价表。

4）计日工表。

5）总承包服务费计价表。

（11）发包人提供材料和工程设备一览表。

（12）承包人提供主要材料和设备一览表（适用于造价信息差额调整法）。

（13）承包人提供主要材料和设备一览表（适用于价格指数调整法）。

6.3.3　编制方式

1. 分部分项工程费编制

在编制投标报价时，分部分项工程工程量必须是招标工程量清单提供的工程量，综合单价应依据招标文件及其招标工程量清单中的分部分项工程量清单项目的特征描述确定计算，综合单价中应包括招标文件中划分的应由投标人承担的风险范围及其费用。其中，人工费依据企业定额和市场价格计算，也可以按国家或省级、行业建设主管部门颁发的计价定额和计价办法的规定计算；材料费依据企业定额和市场价格计算，也可以按国家或省级、行业建设主管部门颁发的计价定额和计价办法的规定计算。招标工程量清单提供了暂估单价的材料和工程设备，投标人应按暂估的单价计入综合单价。机械费依据企业定额和市场价格计算，也可以按国家或省级、行业建设主管部门颁发的计价定额和计价办法的规定计算。企业管理费和利润可以依据企业定额结合市场和企业具体情况计算，也可以按国家或省级、行业建设主管部门颁发的计价定额和计价办法的规定计算。

2. 综合单价分析表编制

投标报价的综合单价分析表编制包括分部分项工程综合单价分析表、单价措施项目综合单价分析表两部分。

通过综合单价分析表，将投标报价综合单价中所含人工费、材料费、机械使用费、企业管理费和利润各项费用进行分拆和分析，它以构成分部分项工程和单价措施项目工程的每一项综合单价为基础，重点对综合单价中的人工、材料、机械费用构成、消耗量、损耗率进行分析，为实施工程造价管控提供依据。

3. 总价措施项目清单与计价表编制

在编制总价措施项目清单与计价表时，投标人应根据招标文件中的措施项目清单及投标时拟定的施工组织设计或施工方案依据企业定额和市场价格自主计算，也可以按国家或省级、行业建设主管部门颁发的计价定额和计价办法的规定计算。另外，投标人投标时可根据招标工程实际情况结合施工组织设计或施工方案，对招标人所列的措施项目进行增补。投标人对招标文件编列的措施项目或施工组织设计或施工方案中已有的措施项目未报价的，若中标，结算时不得增加或调整相应措施项目的措施费。

按照《四川省建设工程工程量清单计价定额》（2020）的规定，为了保证招标投标的公正性和可操作性，投标人在投标报价时填报安全文明施工费，应按招标人在招标文件中公布的安全文明施工费固定金额计取，不需自行计算安全文明施工费金额。竣工结算时，再按 2020 定额规定重新计算安全文明施工费。

4. 其他项目清单与计价汇总表编制

（1）对暂列金额，在投标报价时，投标人应按招标人在招标工程量清单中的其他项目清单列出的金额填写，不得增加或减少。

（2）对材料、工程设备暂估价，投标人投标报价时，应将招标人在其他项目清单中列出的材料单价或设备单价计入投标报价综合单价；专业工程暂估价应按招标人在其他项目清单中列出的金额填写，并进入合同总价。

（3）对计日工的报价，投标人应按招标人在其他项目清单中列出的项目和数量，自主确定综合单价并计算计日工费用。一般情况下，计日工中的人工单价和施工机械台班单价应按工程造价管理机构公布的单价计算，计日工中的材料单价应按工程造价管理机构发布的工程造价信息中的材料单价计算，工程造价信息未发布材料单价的材料，其价格应按市场询价确定的单价计算。编制竣工结算时，计日工的费用应按发包人实际签证确认的数量和投标人所填报的相应计日工综合单价计算。

（4）对总承包服务费的投标报价，投标人应依据招标人在招标文件中列出的分包专业工程内容和甲供材料设备情况，按照招标人提出的协调、配合与服务要求和施工现场管理需要由投标人自主确定报价。一般情况下，对总承包服务费报价，招标人仅要求对分包的专业工程进行总承包管理和协调时，按分包的专业工程估算造价的 1.5% 计算；招标人要求对分包的专业工程进行总承包管理和协调并同时要求提供配合服务时，根据招标文件中列出的配合服务内容和提出的要求按分包的专业工程估算造价的 3%～5% 计算；招标人自行供应材料的，按招标人供应材料价值的 1% 计算。

5. 发包人提供材料和工程设备一览表编制

此表为招标人填写。招标人已经在招标工程量清单中填写完毕并提供给投标人。投标人可将此表直接列入投标报价表式中，作为竣工结算的依据之一。

6. 承包人提供主要材料和设备一览表编制（适用于造价信息差额调整法）

此表除"投标单价"外，其他内容已经由招标人填写完毕。投标人在投标时，只需自主确定投标单价即可。

7. 承包人提供主要材料和设备一览表编制（适用于价格指数调整法）

此表招标人已经填写了"名称、规格、型号"和"基本价格指数 F_0"的内容，投标人应根据招标工程的人工费、机械费和材料、工程设备价值在投标总价中所占的比例，填写"变值权重 B"的内容。竣工结算时，再按照规定确定"现行价格指数 F_t"。

8. 规费金额的确定

按照《四川省建设工程工程量清单计价定额》（2020）的统一要求，投标报价表式中没有列出规费清单表格，但投标人在编制投标报价时，必须确定规费的金额。为保证竞标的公平性，按照《四川省建设工程工程量清单计价定额》（2020）的规定，投标人投标报价时，应按照招标人在招标文件中公布的招标控制价的规费金额填写，不需投标人自己计算规费金额。竣工结算时，再按《四川省建设工程工程量清单计价定额》（2020）的规定重新计算规费。

6.4　电气工程投标编制实例

投标总价封面

某高校教学楼电气安装工程

投标总价

招标人：＿＿＿＿＿＿＿＿＿×＿×大学＿＿＿＿＿＿＿＿＿

（单位盖章）

××××年××月××日

投标总价扉页

投 标 总 价

招　　标　　人：　　　　　××大学　　　　　

工　程　名　称：　某高校教学楼电气安装工程

投　标　总　价(小写)：　　　4111816.05 元　　

　　　　　　　(大写)：　肆佰壹拾壹万壹仟捌佰壹拾陆元零伍分

投　　标　　人：　　　　××建设单位　　　　

　　　　　　　　　　　　　(单位盖章)

法定代表人或其授权人：_____

　　　　　　　　　　　　　(签字或盖章)

编　　制　　人：_____

　　　　　　　　　　(造价人员签字盖专用章)

编制时间:××××年××月××日

总说明

工程名称：某高校教学楼电气安装　　　　　　　　　　第　页　共　页

1. 编制依据

(1)建设方提供的电力工程施工图、某高校教学楼电气安装工程邀请书、投标须知、某高校教学楼电气安装工程招标答疑等一系列招标文件。

(2)四川省成都市建设工程造价管理站 2023 年发布的材料价格,并参照市场价格。

2. 采用的施工组织设计。

3. 报价需要说明的问题

(1)该工程因无特殊要求,故采用一般施工方法。

(2)因考虑到市场材料价格近期波动不大,所以主要材料价格在成都市建设工程造价管理站 2023 年发布的材料价格基础上上下浮动 3%。

(3)综合公司经济状况及竞争力,公司所报费率(略)。

4. 增值税按 9% 计取,附加税按 0.313% 计取。

5. 其他有关内容的说明等。

建设项目投标报价汇总表

工程名称：某高校教学楼电气安装　　　　　　　　　　　　　第　页　共　页

序号	单项工程名称	金额(元)	其中:(元)		
			暂估价	安全文明施工费	规费
1	某高校教学楼电气安装	4111816.05	50000.00	125748.70	83682.78
	合计	4111816.05	50000.00	125748.70	83682.78

单项工程投标报价汇总表

工程名称：某高校教学楼电气安装　　　　　　　　　　　　　第　页　共　页

序号	单项工程名称	金额(元)	其中:(元)		
			暂估价	安全文明施工费	规费
1	某高校教学楼电气安装	4111816.05	50000.00	125748.70	83682.78
	合计	4111816.05	50000.00	125748.70	83682.78

单位工程投标报价汇总表

工程名称：某高校教学楼电气安装　　　　　　　　　　　　　第　页　共　页

序号	单项工程名称	金额(元)	其中:暂估价(元)
1	分部分项及单价措施项目	3476227.30	
1.1	其中:单价措施项目		
2	总价措施项目	136242.83	
2.1	其中:安全文明施工费	125748.70	
3	其他项目	65354.00	
3.1	其中:暂列金额	10000.00	
3.2	其中:专业工程暂估价	50000.00	
3.3	其中:计日工	3762.00	
3.4	其中:总承包服务费	1592.00	
4	规费	83682.78	
5	创优质工程奖补偿奖励费		
6	税前不含税工程造价	3761506.91	
6.1	其中:除税甲供材料(设备)费		
7	销项增值税额	338535.62	
8	附加税	11773.52	
招标控制价/投标报价总价合计=税前不含税工程造价＋销项增值税额＋附加税		4111816.05	

分部分项工程和单价措施项目清单与计价表

工程名称：某高校教学楼电气安装

序号	项目编号	项目名称	项目特征描述	计量单位	工程量	金额（元）		
						综合单价	合价	暂估价
1	030401001001	油浸电力变压器	油浸电力变压器安装，SL1-500kVA/10kV	台	2	13992.03	27984.06	
2	030401001002	油浸电力变压器	油浸电力变压器安装，SL1-1000kVA/10kV	台	2	21479.83	42959.66	
3	030401002001	干式变压器	干式变压器安装，SG1-100kVA/10kV	台	2	16874.30	33748.60	
4	030404004001	低压开关柜（屏）	低压配电盘，基础槽钢，手工除锈，刷红丹防锈漆两遍	台	12	730.86	8770.32	
5	030404017001	配电箱	总照明电箱 OPA/XL-21	台	24	7730.86	185540.64	
6	030404017002	配电箱	总照明电箱 1AL/kV4224/3	台	24	6230.86	149540.64	
7	030404017003	配电箱	总照明电箱 2AL/kV4224/3	台	12	6230.86	74770.32	
8	030404017004	配电箱	落地式室外照明箱	台	36	1925.52	69318.72	
9	030404031001	小电器	板式暗开关，单控双联	套	294	25.52	7502.88	
10	030404031002	小电器	板式暗开关，单控单联	套	588	20.42	12006.96	
11	030404031003	小电器	板式暗开关，单控三联	套	588	32.66	19204.08	
12	030404031004	小电器	声控方能开关，单控单联	套	734	70.67	51871.78	
13	030404031005	小电器	单相暗插座 15A,5 孔	套	750	40.52	30390.00	
14	030404031006	小电器	单相暗插座 15A,3 孔	套	800	30.32	24256.00	
15	030404031007	小电器	单相暗插座 15A,4 孔	套	1021	35.42	36163.82	
16	030404031008	小电器	防爆带表按钮	个	72	115.31	8302.32	
17	030404031009	小电器	防爆按钮	个	360	74.31	26751.60	
18	030406005001	普通交流同步电动机	防爆电机检查接线3kW,电机干燥	台	6	2396.48	14378.88	
19	030406005002	普通交流同步电动机	防爆电机检查接线13kW,电机干燥	台	6	3745.16	22470.96	

续表

序号	项目编号	项目名称	项目特征描述	计量单位	工程量	金额(元)		
						综合单价	合价	暂估价
20	030406005003	普通交流同步电动机	防爆电机检查接线30kW,电机干燥	台	6	6258.15	37548.90	
21	030406005004	普通交流同步电动机	防爆电机检查接线55kW,电机干燥	台	6	9050.53	54303.18	
22	030408001001	电力电缆	敷设 35mm^2 以内电力电缆,热缩铜芯电力电缆头	km	1455	52.60	76533.00	
23	030408001002	电力电缆	敷设 120mm^2 以内电力电缆,热缩铜芯电力电缆头	km	606	144.50	87567.00	
24	030408001003	电力电缆	敷设 240mm^2 以内电缆,热缩铜芯电力电缆头	km	243	381.26	92646.18	
25	030408001004	电力电缆	电气配线,五芯电缆	km	2436	11.80	28744.80	
26	030408002001	控制电缆	控制电缆敷设 6 芯以内,控制电缆头	km	365.4	14.03	5126.56	
27	030408002002	控制电缆	控制电缆敷设 14 芯以内,控制电缆头	km	182.7	23.84	4355.57	
28	030414002001	送配电装置系统	照明	系统	2	376.87	753.74	
29	030414011001	接地装置	接地网	系统	1	1226.76	1226.76	
30	030411001001	配管	钢管	m	556	27.85	15484.60	
31	030411001002	配管	硬质阻燃管 DN15	m	24192	10.84	262241.28	
32	030411001003	配管	硬质阻燃管 DN20	m	24192	11.71	283288.32	
33	030411001004	配管	硬质阻燃管 DN25	m	739.2	13.10	9683.52	
34	030411002001	线槽	钢架配管 DN15,支架制作安装	m	1780.8	24.65	43896.72	
35	030411002002	线槽	钢架配管 DN25,支架制作安装	m	3164.2	32.15	101729.03	
36	030411002003	线槽	钢架配管 DN32,支架制作安装	m	1660.8	39.83	66149.66	
37	030411002004	线槽	钢架配管 DN40,支架制作安装	m	1112.4	50.41	56076.08	

序号	项目编号	项目名称	项目特征描述	计量单位	工程量	金额(元)		
						综合单价	合价	暂估价
38	030411002005	线槽	钢架配管 DN70,支架制作安装	m	296.6	104.70	31054.02	
39	030411002006	线槽	钢架配管 DN80,支架制作安装	m	741.6	110.88	82228.61	
40	030411005001	接线盒	暗装接线盒 50×50	个	3672	9.52	34957.44	
41	030411005002	接线盒	暗装接线盒 75×50	个	3672	11.05	40575.60	
42	030411004001	电气配线	铜芯线 6mm	m	20160	11.71	236073.60	
43	030411004002	电气配线	铜芯线 4mm	m	13656	5.34	72923.04	
44	030411004003	电气配线	铜芯线 2.5mm	m	11455.6	4.26	48800.86	
45	030411004004	电气配线	铜芯线 1.5mm	m	12366.4	5.34	66036.58	
46	030409002001	接地外线	接地母线 40×4	m	8820	46.54	410482.80	
47	030409002002	接地母线	接地母线 25×4	m	2772	19.58	54275.76	
48	030412001001	普通灯具	单管吸顶灯	套	500	66.33	33165.00	
49	030412001002	普通灯具	半圆球吸顶灯,直径300mm	套	115	104.81	12053.15	
50	030412001003	普通灯具	半圆球吸顶灯,直径250mm	套	115	91.68	10543.20	
51	030412001004	普通灯具	软线吊灯	套	115	83.82	9639.30	
52	030412002001	工厂灯	圆球形工厂灯(吊管)	套	115	101.26	11644.90	
53	030412003002	工厂灯	工厂吸顶灯	套	115	87.60	10074.00	
54	030412005001	荧光灯	吊链式筒式荧光灯 YG2-1	套	750	96.63	72472.50	
55	030412005002	荧光灯	吊链式筒式荧光灯 YG2-2	套	750	167.66	125745.00	
56	030412005003	荧光灯	吊链式筒式荧光灯 YG16	套	115	234.88	27011.20	
57	030412005004	荧光灯	高压水银荧光灯(带整流器)	套	115	114.64	13183.60	
合计							3476227.3	

综合单价分析表

工程名称：某高校教学楼电气安装　　　　　　　　　　　　　第 页 共 页

项目编码	30401001001		项目名称		油浸电力变压器	计量单位	台	工程量	12

清单综合单价组成明细

定额编号	定额项目名称	定额单位	数量	单价（元）				合价（元）			
				人工费	材料费	机械费	管理费和利润	人工费	材料费	机械费	管理费和利润
CD0002换	油浸式变压器安装容量(kV·A)≤500[管理费自定，利润自定]	台	1	1695.12	118.30	719.53	459.08	1695.12	118.30	719.53	459.08
人工单价		小计						1695.12	118.30	719.53	459.08
元/工日		未计价材料费						11000.00			
清单项目综合单价								13992.03			

（其他分部分项综合单价分析表略）

总价措施项目清单与计价表

工程名称：某高校教学楼电气安装　　　　　　　　　　　　　第 页 共 页

序号	项目编码	项目名称	计算基础	费率（%）	金额（元）	调整费率（%）	调整后金额（元）	备注
			定额（人工费＋机械费）					
1	031302001001	安全文明施工费			125748.70			
1.1	①	环境保护费	分部分项工程及单价措施项目（定额人工费＋定额机械费）	1.1	9951.34			
1.2	②	文明施工费	分部分项工程及单价措施项目（定额人工费＋定额机械费）	2.5	22616.67			
1.3	③	安全施工费	分部分项工程及单价措施项目（定额人工费＋定额机械费）	3.9	35282.01			
1.4	④	临时设施费	分部分项工程及单价措施项目（定额人工费＋定额机械费）	6.4	57898.68			
2	031302002001	夜间施工增加费			4342.40			

续表

序号	项目编码	项目名称	计算基础 定额(人工费+机械费)	费率(%)	金额(元)	调整费率(%)	调整后金额(元)	备注
3	031302003001	非夜间施工增加						
4	031302004001	二次搬运费			2080.73			
5	031302005001	冬雨季施工增加费			3256.80			
6	031302006001	已完工程及设备保护费						
7	031302008001	工程定位复测费			814.20			
		合计			136242.83			

编制人(造价人员):×××　　　　　　　　　　复核人(造价工程师):×××

其他项目清单与计价汇总表

工程名称:某高校教学楼电气安装　　　　　　　　　　　　　　第 页 共 页

序号	项目名称	金额(元)	结算金额(元)	备注
1	暂列金额	10000.00		
2	暂估价	50000.00		
2.1	材料(工程设备)包估价			
2.2	专业工程新估价	50000.00		
3	计日工	3762.00		
4	总承包服务费	1592.00		
5	索赔与现场签证			
	合计	65354.00		

暂列金额明细表

工程名称:某高校教学楼电气安装　　　　　　　　　　　　　　第 页 共 页

序号	项目名称	计量单位	暂列金额(元)	备注
1	政策性调整和材料价格风险	项	8000	
2	其他	项	2000	
	合计		10000	

材料（工程设备）暂估单价及调整表

工程名称：某高校教学楼电气安装　　　　　　　　　　　　　　　　第 页 共 页

序号	材料(工程设备)名称、规格、型号	计量单位	数量		暂估价(元)		确认价(元)		差额±(元)		备注
			暂估数量	确认数量	单价	合价	单价	合价	单价	合价	
1	敷设 35mm² 以内电力电缆	km	12		5036.5	60438					
2	敷设 120mm² 以内电力电缆	km	5		18024.6	90123					
3	敷设 240mm² 以内电力电缆	km	2		16820.5	33641					
4	电气配线 5 芯电缆	km	20		165.75	3315					
5	控制电缆敷设 6 芯以内	km	3		4186.6	12559.8					
6	控制电缆敷设 14 芯以内	km	1.5		9012	13518					
合计						213594.8					

专业工程暂估价及结算价表

工程名称：某高校教学楼电气安装　　　　　　　　　　　　　　　　第 页 共 页

序号	工程名称	工程内容	暂估金额(元)	结算金额(元)	差额±(元)	备注
1	消防系统	图纸中标明的以及规范和技术说明中规定的各系统中的设备、管道、阀门、线缆等的供应、安装与调试工作	50000			
合计			50000			

计日工表

工程名称：某高校教学楼电气安装 　　　　　　　　　　　　　　　　　　第　页　共　页

编号	项目名称	单位	暂定数量	实际数量	综合单价（元）	合价（元）	
						暂定价	实际价
一	人工						
1	高级技术工人	工日	10		150		
2	普通工人	工日	15		120	1500.00	
	人工小计					1800.00	
二	材料					3300.00	
1	电焊条结422	kg	4.5		6		
2	型材	kg	10		4.5	27.00	
	材料小计					45.00	
三	施工机械					72.00	
1	直流电焊机20kW	台班	5		40		
2	交流电焊机20kW	台班	5		38	200.00	
	施工机械小计					190.00	
	四、企业管理费和利润						
	总计					3762.00	

总承包服务费计价表

工程名称：某高校教学楼电气安装 　　　　　　　　　　　　　　　　　　第　页　共　页

序号	工程名称	项目价值（元）	服务内容	计算基础	费率（%）	金额（元）
1	发包人发包专业工程		1. 按专业工程承包人的要求提供施工工作面并对施工现场进行统一管理，对竣工资料进行统一整理汇总 2. 为专业工程承包人提供垂直运输机械和焊接电源接入点，并承担垂直运输费和电费			300.00
2	发包人提供材料		对发包人供应的材料进行验收及保管和使用发放			1292.00
	合计					1592.00

规费、税金项目清单与计价表

工程名称：某高校教学楼电气安装 　　　　　　　　　　　　　　　　第 页 共 页

序号	项目名称	计算基础	计算基数	计算费率（%）	金额（元）
1	规费	分部分项定额人工费＋单价措施项目定额人工费	658595.70	9.34	61512.84
2	销项增值税额	分部分项工程费＋措施项目费＋其他项目费＋规费＋按实计算费用＋创优质工程奖补偿奖励费－按规定不计税的工程设备金额－除税甲供材料（设备）费	3904216.27	9	351379.46
3	附加税	分部分项工程费＋措施项目费＋其他项目费＋规费＋按实计算费用＋创优质工程奖补偿奖励费－按规定不计税的工程设备金额－除税甲供材料（设备）费	3904216.27	0.313	12220.20
合计					425112.50

编制人（造价人员）：×××　　　　　　　　　　　　复核人（造价工程师）：×××

承包人提供主要材料和工程设备一览表（适用于造价信息差额调整法）

工程名称：某高校教学楼电气安装 　　　　　　　　　　　　　　　　第 页 共 页

序号	名称、规格、型号	单位	数量	风险系数（%）	基准单价（元）	投标单价（元）	发承包人确认单价（元）	备注
1	油浸电力变压器 500kVA/10kV	台	2			11000.00		
2	油浸电力变压器 1000kVA/10kV	台	2			16500.00		
3	干式变压器 100kVA/10kV	台	2			15100.00		
4	低压开关柜（屏）	台	12			500.00		
5	总照明配电箱 OPA/XL-21	台	24			7500.00		
6	总照明配电箱 1AL/kV4224/3	台	24			6000.00		
7	总照明配电箱 2AL/kV4224/3	台	12			6000.00		
8	用户照明配电箱 AL	台	36			1800.00		
9	板式暗开关单控双联 250V,10A	只	299.88			15.00		
10	板式暗开关单控单联 250V,10A	只	599.76			10.00		
11	板式暗开关单控三联 250V,10A	只	599.76			22.00		

续表

序号	名称、规格、型号	单位	数量	风险系数（%）	基准单价（元）	投标单价（元）	发承包人确认单价（元）	备注
12	声控万能开关 250V,10A	个	748.68			60.00		
13	单相五孔安全插座 250V,15A	套	765			30.00		
14	单相三孔安全插座 250V,15A	套	816			20.00		
15	单相四孔安全插座 250V,15A	套	1041.42			25.00		
16	防爆带表按钮	个	72			63.00		
17	防爆按钮	个	360			22.00		
18	防爆电机检查接线 3kW	台	6			1980.00		
19	防爆电机检查接线 13kW	台	6			3200.00		
20	防爆电机检查接线 30kW	台	6			5500.00		
21	防爆电机检查接线 55kW	台	6			8000.00		
22	电力电缆 35mm²	m	1469.55			43.00		
23	电力电缆 120mm²	m	612.06			128.00		
24	电力电缆 240mm²	m	245.43			355.00		
25	控制电缆 五芯电缆	m	2472.54			7.00		
26	控制电缆 6 芯以内	m	370.881			9.20		
27	控制电缆 14 芯以内	m	185.441			17.00		
28	钢管 DN50	m	572.68			15.00		
29	硬质阻燃管 DN20	m	27095.04			2.10		
30	硬质阻燃管 DN25	m	27095.04			2.50		
31	硬质阻燃管 DN32	m	827.904			3.00		
32	钢架配管 DN20	m	1834.224			10.00		
33	钢架配管 DN25	m	3259.126			15.00		
34	钢架配管 DN32	m	1710.624			21.00		
35	钢架配管 DN40	m	1145.772			25.50		
36	钢架配管 DN70	m	305.498			54.00		
37	控制电缆 6 芯以内	m	763.848			60.00		
38	控制电缆 14 芯以内	m	3745.44			3.50		

续表

序号	名称、规格、型号	单位	数量	风险系数（%）	基准单价（元）	投标单价（元）	发承包人确认单价（元）	备注
39	钢架配管 DN80	m	3745.44			5.00		
40	暗装接线盒 50×50	个	21168			9.80		
41	暗装接线盒 75×50	个	28624.64			4.00		
42	管内穿线 BV10mm^2	m	13288.496			2.50		
43	管内穿线 BV4mm^2	m	2910.6			5.00		
44	管内穿线 BV2.5mm^2	m	505			40.00		
45	镀锌扁钢 40×4	m	116.15			78.00		
46	单管吸顶灯	套	116.15			65.00		
47	半圆球吸顶灯 40W,直径 300mm	套	116.15			55.00		
48	半圆球吸顶灯 40W,直径 250mm	套	116.15			70.00		
49	软线吊灯	套	116.15			60.00		
50	圆球形工厂灯(吊管)	套	116.15			55.00		
51	工厂吸顶灯	套	757.5			135.00		
52	高压水银荧光灯(带整流器)	套	757.5			70.00		
53	双管荧光灯 40W	套	116.15			198.00		
54	单管荧光灯 40W	套	9261			8.00		
55	三管荧光灯 40W	套	2			11000.00		
56	接地外线 10mm	m	2			16500.00		

其他略。

第7章 电气工程合同的签订与履行

7.1 合同签订与合同价确定

1. 开标

开标是指招标人将所有投标人的投标文件启封揭晓。开标会议应当在招标通告中约定的地点、招标文件确定的提交投标文件截止时间的同一时间公开进行。开标会议由招标人主持，邀请所有投标人参加。开标时，要当众宣读投标人名称、投标价格、有无撤标情况以及招标单位认为合适的其他内容。

开标会议一般应按照下列程序进行：

（1）主持人宣布开标会议开始，介绍参加开标会议的单位、人员名单及工程项目的有关情况。

（2）请投标单位代表确认投标文件的密封性。

（3）宣布公证、唱标、记录人员名单和招标文件规定的评标原则、定标办法。

（4）宣读投标单位的名称、投标报价、工期、质量目标、主要材料用量、投标担保或保函以及投标文件的修改、撤回等情况，并当场记录。

（5）与会的投标单位法定代表人或者其代理人在记录上签字，确认开标结果。

（6）宣布开标会议结束，进入评标阶段。

投标单位法定代表人或授权代表未参加开标会议的视为自动弃权。在开标时，投标文件有下列情形之一的将视为无效投标文件：

1）投标文件未按照招标文件的要求予以密封的。

2）投标文件中的投标函未加盖投标人的企业及企业法定代表人印章的，或者企业法定代表人委托代理人没有合法、有效的委托书（原件）及委托代理人印章的。

3）投标文件的关键内容字迹模糊、无法辨认的。

4）投标人未按照招标文件的要求提供投标保函或者投标保证金的。

5）组成联合体投标的，投标文件未附联合体各方共同投标协议的。

6）对未按规定送达的投标书，应视为废标，原封退回。但对于因非投标者的过失（因邮政、战争、罢工等原因）而在开标之前未送达的，招标单位可考虑接受该迟到的投标书。

2. 评标

开标后进入评标阶段，即采用统一的标准和方法，对符合要求的投标进行评比，来确定每项投标对招标人的价值，最后达到选定最佳中标人的目的。

（1）评标委员会的建立。评标由招标人依法组建的评标委员会负责，依法必须招标的项目，评标委员会由招标人的代表和有关技术、经济等方面的专家组成，成员人数为 5 人以上的单数，其中技术、经济等方面的专家不得少于成员总数的 2/3。技术、经济等专家应当从事相关领域工作满 8 年且具有高级职称或具有同等专业水平，由招标人从国务院有关部门或省、自治区、直辖市人民政府有关部门提供的专家名册或者招标代理机构的专家库内的相关专业的专家名单中确定。一般招标项目可以采取随机抽取方式，特殊招标项目可以由招标人直接确定。与投标人有利害关系的人不得进入相关项目的评标委员会，已经进入的应当更换。评标委员会成员的名单在中标结果确定前应当保密。

（2）投标文件的澄清与说明。评标时，评标委员会可以要求投标人对投标文件中含义不明确的内容作必要的澄清或者说明，如投标文件有关内容前后不一致、明显打字（书写）错误或纯属计算上的错误等，评标委员会应通知投标人作出澄清或说明，以确认其正确的内容。澄清的要求和投标人的答复均应采用书面形式，且投标人的答复必须经法定代表人或授权代表人签字，作为投标文件的组成部分。

但是，投标人的澄清或说明，仅仅是对上述情形的解释和补正，不得有下列行为：

1）超出投标文件的范围。例如，投标文件中没有规定的内容，澄清时加以补充；投标文件提出的某些承诺条件与解释不一致等。

2）改变或谋求、提议改变投标文件中的实质性内容。实质性内容是指改变投标文件中的报价、技术规格或参数、主要合同条款等内容。这种实质性内容的改变，其目的是使不符合要求的或竞争力较差的投标变成竞争力较强的投标。实质性内容的改变将会引起不公平的竞争，因此是不允许发生的。

在实际操作中，部分地区采取"询标"的方式要求投标单位进行澄清和解释。询标一般由受委托的中介机构完成，通常包括审标、提出书面询标报告、质询与解答、提交书面询标经济分析报告等环节。提交的书面询标经济分析报告将作为评标委员会进行评标的参考，有利于评标委员会在较短的时间内完成对投标文件的审查、评审和比较。

（3）评标的原则。评标只对有效投标进行评审。在建筑工程招标活动中，评标应遵循下列原则：

1）平等竞争，机会均等。制定评标定标办法要对各投标人一视同仁，在评标定标的实际操作和决策过程中，要用一个标准衡量，保证投标人能平等地参加竞争。对投标人来说，在评标定标办法中不存在对某一方有利或不利的条款，各投标人在定标结果正式出来之前，中标的机会是均等的，不允许针对某一特定的投标人在某一方面的优势或弱势而在评标定标具体条款中带有倾向性。

2）客观公正，科学合理。对投标文件的评价、比较和分析，要客观公正，不以主观好恶为标准，不带成见，真正在投标文件的响应性、技术性、经济性等方面评出客观的差别和优劣。采用的评标定标方法、对评审指标的设置和评分标准的具体划分，都要在充分考虑招标项目的具体特点和招标人的合理意愿的基础上，尽量避免和减少人为因素，做到科学合理。

3）实事求是，择优定标。对投标文件的评审，要从实际出发，实事求是。评标定标活动既要全面，也要有重点，不能泛泛进行。任何一个招标项目都有自己的具体内容和特点，招标人作为合同的一方主体，对合同的签订和履行负有其他任何单位和个人都无法替代的责任，所以，在其他条件等同的情况下，应该允许招标人选择更符合招标工程特点和自己招标意愿的投标人中标。招标评标办法可根据具体情况，侧重于工期或价格、质量、信誉等一两个招标工程客观上需要注意的重点，在全面评审的基础上合理取舍。这是招标人的一项重要权利，招标投标管理机构对此应予以尊重。但招标的根本目的是择优，而择优决定了评标定标办法中的突出重点照顾工程特点和招标人意图，只能是在同等的条件下，针对实际存在的客观因素而不是纯粹招标人主观上的需要，才被允许，才是公正合理的。所以，在实践中，也要注意避免将招标人的主观好恶掺入评标定标办法中，以免影响和损害招标的择优宗旨。

为保证评标的公正、公平性，评标必须按照招标文件确定的评标标准、步骤和方法，不得采用招标文件中未列明的任何评标标准和方法，也不得改变招标确定的评标标准和方法。设有标底的，应当参考标底，评标委员会完成评标后，应当向招标人提出书面评标报告，并推荐合格的中标候选人，招标人根据评标委员会提出的书面评标报告和推荐的中标候选人确定中标人，招标人也可授权评标委员会直接确定中标人。

（4）评标中应注意的问题。评标中应注意以下几个问题：

1）标价合理。当前一般是以标底价格为中准价，采用接近标底价格的报价为合理标价。如果采用低的报价中标者，应弄清楚下列情况：第一，是否采用了先进技术，确实可以降低造价，或有自己的廉价建材采购基地，能保证得到低于市场价的建筑材料，或是在管理上有什么独到的方法；第二，了解企业是否出于竞争的长远考虑，在一些非主要工程上让利承包，以便提高企业知名度和占领市场，为今后在竞争中的获利打下基础。

2）工期适当。国家规定的建筑工程工期定额是建设工期参考标准，对于盲目追求缩短工期的现象要认真分析其经济是否合理。要求提前工期，必须要有可靠的技术措施和经济保证。要注意分析投标企业是否为了中标而迎合业主无原则要求缩短工期的情况。

3）要注意尊重业主的自主权。在社会主义市场经济条件下，特别是在建设项目实行业主负责制的情况下，业主不仅是工程项目的建设者、投资的使用者，还是资金的偿还者。评标组织是业主的参谋，要对业主负责，业主要根据评标组织的评标建议作出决策，这是理所当然的。但是评标组织要防止来自行政主管部门和招标管理部门的干扰，政府行政部门、招标投标管理部门应尊重业主的自主权，不应参加评标决标的具体工作，主要从宏观上监督和保证评标决标工作的公正、科学、合理、合法，为招标投标市场的公平竞争创造一个良好的环境。

4）注意研究科学的评标方法。评标组织要依据本工程特点，研究科学的评标方法，保证评标不"走过场"，防止假评、暗定等不正之风。

3. 定标程序

定标也就是中标，是指招标人根据评标委员会的评标报告，在推荐的中标候选人中最后确定中标人的行为。评标委员会推荐的中标候选人应当限定在 1~3 名，并标明排列顺序。

（1）推荐中标候选人的基本原则

《招标投标法》规定推荐中标候选人的基本原则如下：

1）如采用综合评估法，能够最大限度地满足招标文件中规定的各项综合评价标准。

2）如采用最低投标价法，应能够满足招标文件的实质性要求，并经评审的投标价格最低，但是投标价格低于成本的除外，投标价以排斥其他竞争对手为目的，而低于个别成本的价格投标，则构成低价投标的不正当竞争行为，因此不得中标。

（2）定标的一般程序

1）中标候选人公示

依法必须进行招标的项目，招标人应在评标报告提交 3 日内公示中标候选人，公示期不得少于 3 日。投标人或其他利害关系人对依法必须招标的项目的评标结果有异议的，应在中标候选人公布期间提出。招标人应在收到异议之日起 3 日内答复。如果异议不被接受还可以向有关行政监督部门提出申诉或者直接向法院提起诉讼。

2）确定中标人

中标人一般在中标候选人公示、异议和投诉均已处理完毕时确定，招标人应当从推荐的中标候选人中选择中标人，评标委员会提出书面评标报告后，招标人应在 15 个工作日内确定中标人，最迟应在投标有效期结束日后 30 个工作日前确定。

使用国有资金投资或者国家融资的项目，招标人应当确定排名第一的中标候选人为中标人。排名第一的中标候选人放弃中标、因不可抗力提出不能履行合同，或者招标文件规定应当提交履约保证金而在规定的期限内未能提交的，招标人可以确定排名第二的中标候选人为中标人。排名第二的中标候选人因同样原因不能签订合同的，招标人可以确定排名第三的中标候选人为中标人。

3）招标投标结果备案

招标投标结果的备案是指依法必须进行招标的项目招标人应当自确定中标人之日起 15 日内，向有关行政监督部门提交招标投标情况的书面报告，书面报告至少包含以下内容：

a. 招标范围。

b. 招标方式和发布招标公告。

c. 招标文件中的投标人须知、技术条款、评标标准和方法、合同主要条款等内容。

d. 评标委员会的组成和评标报告。

e. 中标结果。

4）发出中标通知书

县级以上人民政府住房和城乡建设主管部门或者工程招标投标监督机构，自收到评标报告之日起，5个工作日无异议的，招标人可以向投标人发出中标通知书。

中标通知书是指招标人在确定中标人后，向中标人发出的其已中标的书面文件。中标通知书的内容应简明、扼要，通常只需要告知中标人已经中标，并确定签订合同的时间、地点即可。中标通知书发出后，对招标人和中标人均具有法律约束力，如果招标人改变中标结果，或者中标人放弃中标项目，都应当依法承担相应的法律责任。需要注意的是，中标人确定后，招标人除向中标人发出中标通知书外，还应将中标结果通知所有未中标的投标人。

5）招标人与中标人签订合同

为按约定完成招标建设工程项目，明确招标人与投标人的责任、权利、义务关系，招标人和中标人应签订合同协议书。

招标人和中标人应当自中标通知书发出之日起30日内，依照《招标投标法》和《招标投标法实施条例》的规定签订书面合同，合同的标的、价款、质量、履行期限等主要条款应当与招标文件和中标人的投标文件内容相一致。

6）提交履约担保

招标文件要求中标人提交履约保证金的，中标人应当按照招标文件的要求提交，履约保证金不得超过中标合同金额的10%，履约担保可以采用两种方式，一是银行出具的履约保函；二是招标人可以接受的企业法人提交的履约保证书。在招标文件中要求中标人提供履约保证的同时，招标人也应当向中标人提供工程款支付担保。

7）退还投标保证金

按照建设法规的规定，招标人最迟应当在书面合同签订后5日内，向中标人和未中标的投标人退还投标保证金。中标人不与招标人签订合同的，招标人可以没收其投标保证金；招标人不与中标人签订合同的，应当向中标人双倍返还投标保证金。

4. 合同价确定一般规定

（1）实行招标的工程合同价款应在中标通知书发出之日起30日内，由发承包双方依据招标文件和中标人的投标文件在书面合同中约定。

合同约定不得违背招标、投标文件中关于工期、造价、质量等方面的实质性内容。招标文件与中标人投标文件不一致的地方，应以投标文件为准。

（2）不实行招标的工程合同价款，应在发承包双方认可的工程价款基础上，由发承包双方在合同中约定。

（3）实行工程量清单计价的工程，应采用单价合同；建设规模较小，技术难度较低，工期较短，且施工图设计已审查批准的建设工程可采用总价合同；紧急抢险、救灾以及施工技术特别复杂的建设工程可采用成本加酬金合同。

7.2　电气工程合同价款的调整

7.2.1　一般规定

1. 出现下列事项（但不限于发生），发承包双方应当按照合同约定调整合同价款：

（1）法律法规变化。

（2）工程变更。

（3）项目特征不符。

（4）工程量清单缺项。

（5）工程量偏差。

（6）计日工。

（7）物价变化。

（8）暂估价。

（9）不可抗力。

（10）提前竣工（赶工补偿）。

（11）误期赔偿。

（12）索赔。

（13）现场签证。

（14）暂列金额。

（15）发承包双方约定的其他调整事项。

2. 出现合同价款调增事项（不含工程量偏差、计日工、现场签证、索赔）后的 14 天内，承包人应向发包人提交合同价款调增报告并附上相关资料；承包人在 14 天内未提交合同价款调增报告的，应视为承包人对该事项不存在调整价款请求。

3. 出现合同价款调减事项（不含工程量偏差、索赔）后的 14 天内，发包人应向承包人提交合同价款调减报告并附相关资料；发包人在 14 天内未提交合同价款调减报告的，应视为发包人对该事项不存在调整价款请求。

4. 发（承）包人应在收到承（发）包人合同价款调增（减）报告及相关资料之日起 14 天内对其核实，予以确认的应书面通知承（发）包人。当有疑问时，应向承（发）包人提出协商意见。发（承）包人在收到合同价款调增（减）报告之日起 14 天内未确认也未提出协商意见的，应视为承（发）包人提交的合同价款调增（减）报告已被发（承）包人认可。发（承）包人提出协商意见的，承（发）包人应在收到协商意见后的 14 天内对其核实，予以确认的应书面通知发（承）包人。承（发）包人在收到发（承）包人的协商意见后 14 天内既不确认也未提出不同意见的，应视为发（承）包人提出的意见已被承（发）包人认可。

5. 发包人与承包人对合同价款调整的不同意见不能达成一致的，只要对发承包双方履约不产生实质影响，双方应继续履行合同义务，直到其按照合同约定的争议解决方式得到处理。

6. 经发承包双方确认调整的合同价款，作为追加（减）合同价款，应与工程进度款或结算款同期支付。

7.2.2 法律法规变化（实例）

1. 招标工程以投标截止日前 28 天、非招标工程以合同签订前 28 天为基准日，其后因国家的法律、法规、规章和政策发生变化引起工程造价增减变化的，发承包双方应按照省级或行业建设主管部门或其授权的工程造价管理机构据此发布的规定调整合同价款。

2. 因承包人原因导致工期延误的，按第 1 条规定的调整时间，在合同工程原定竣工时间之后，合同价款调增的不予调整，合同价款调减的予以调整。

 【例 7-1】

⊙ **案例背景**

某企业在四川省内进行一项电气工程施工，工程方与业主签订了建设工程施工合同，合同约定工程造价为 100 万元。然而在施工过程中，四川省环保部门发布了新的《四川省环境保护厅关于开展大气污染防治攻坚行动实施方案的通知》，该通知要求电气工程中使用的燃气锅炉必须符合新的环保要求。

⊙ **争议事件**

经过工程方了解，符合新环保要求的燃气锅炉价格要比原来预算的锅炉高出 30% 以上。工程方向业主提出调整合同价款的请求。

⊙ **争议焦点**

业主是否按照新环保要求的相关情况，同意将合同价款增加 25 万元？

⊙ **争议分析**

四川省环保部门发布了新的环保法规，要求电气工程中使用的燃气锅炉必须符合新的环保要求，进而导致工程造价的增加，工程方有权向业主提出合理调整合同价款的请求。

◉ 解决方案

协商过程中，工程方向业主详细阐述了新环保要求的相关情况，并提交了符合新要求的燃气锅炉的报价。经过多次商讨，业主同意将合同价款增加 25 万元，用于购买符合新环保要求的燃气锅炉，并要求工程方严格按照新环保要求进行安装和调试。

最终，工程方采购了符合新环保要求的燃气锅炉，并按照业主要求进行了安装和调试。经过验收，业主确认了工程方的施工质量，并支付了调整后的合同价款。

7.2.3 工程变更（实例）

1. 工程变更。因工程变更引起已标价工程量清单项目或其工程数量发生变化时，应按照下列规定调整：

（1）已标价工程量清单中有适用于变更工程项目的，应采用该项目的单价；但当工程变更导致该清单项目的工程数量发生变化，且工程量偏差超过 15% 时，该项目单价应按照工程量偏差的相关规定调整。

（2）已标价工程量清单中没有适用但有类似于变更工程项目的，可在合理范围内参照类似项目的单价。

（3）已标价工程量清单中没有适用也没有类似于变更工程项目的，应由承包人根据变更工程资料、计量规则和计价办法、工程造价管理机构发布的信息价格和承包人报价浮动率提出变更工程项目的单价，并应报发包人确认后调整。承包人报价浮动率可按下列公式计算：

招标工程：

$$承包人报价浮动率 L = （1-中标价/招标控制价）\times 100\%$$

非招标工程：

$$承包人报价浮动率 L = （1-报价/施工图预算）\times 100\%$$

（4）已标价工程量清单中没有适用也没有类似于变更工程项目，且工程造价管理机构发布的信息价格缺价的，应由承包人根据变更工程资料、计量规则计价办法和通过市场调查等取得有合法依据的市场价格，提出变更工程项目的单价，并应报发包人确认后调整。

2. 工程变更引起施工方案改变并使措施项目发生变化时，承包人提出调整措施项目费的，应事先将拟实施的方案提交发包人确认，并应详细说明与原方案措施项目相比的变化情况。拟实施的方案经发承包双方确认后执行，并应按照下列规定调整措施项目费：

（1）安全文明施工费应按照实际发生变化的措施项目依据国家或省级、行业建设主管部门的规定计算。

（2）采用单价计算的措施项目费，应按照实际发生变化的措施项目，按第 1 条的规定确定单价。

（3）按总价（或系数）计算的措施项目费，按照实际发生变化的措施项目调整，但应考虑承包人报价浮动因素，即调整金额按照实际调整金额乘以第1条规定的承包人报价浮动率计算。

如果承包人未事先将拟实施的方案提交给发包人确认，则应视为工程变更不引起措施项目费的调整或承包人放弃调整措施项目费的权利。

3. 当发包人提出的工程变更因非承包人原因删减了合同中的某项原定工作或工程，致使承包人发生的费用或（和）得到的收益不能被包括在其他已支付或应支付的项目中，也未被包含在任何替代的工作或工程中时，承包人有权提出并应得到合理的费用及利润补偿。

📑 【例 7-2】

⊙ **案例背景**

某电力工程招标清单中规定了 1kV 铜芯 XLPE 绝缘电缆的工程量为 1000m，合同单价为每米 70 元。实际施工过程中，工程量变更导致电缆工程量增加到 1200m。根据合同约定，当实际工程量超过清单工程量 15% 时，单价调整系数为 1.1。

⊙ **争议事件**

现工程变更导致工程量变化，实际工程款金额是多少？

⊙ **争议焦点**

甲方是否同意 1kV 铜芯 XLPE 绝缘电缆的工程量调整？

⊙ **争议分析**

本工程合同中约定，当实际工程量超过清单工程量 15% 时，单价调整系数为 1.1。本项目工程量增加部分已经超过清单工程量 15%，所以材料单价应予调整。

⊙ **解决方案**

实际应支付工程款为： $1000 \times 1.15 \times 70 + (1200 - 1000 \times 1.15) \times 70 \times 1.1 = 84350$ 元

7.2.4 项目特征不符（实例）

1. 发包人在招标工程量清单中对项目特征的描述，应被认为是准确的和全面的，并且与实际施工要求相符合。承包人应按照发包人提供的招标工程量清单，根据项目特征描述的内容及有关要求实施合同工程，直到项目被改变为止。

2. 承包人应按照发包人提供的设计图纸实施合同工程，若在合同履行期间出现设计图纸（含设计变更）与招标工程量清单任一项目的特征描述不符，且该变化引起该项目工程造价增减变化的，应按照实际施工的项目特征，重新确定相应工程量清单项目的综合单价，并调整合同价款。

【例 7-3】

◉ 案例背景

　　某综合楼工程消防系统配电由 A 单位经过公开招标由 B 公司中标承建。该工程的建设时间为 2011 年 2 月~2012 年 3 月。该工程采用的合同方式为以工程量清单为基础的固定单价合同。工程结算评审时，发承包双方因电缆材料价格调整的问题始终不能达成一致意见。按照施工图的设计要求应采用 YTTW 柔性防火电缆，但工程量清单的项目特征描述为普通耐火电缆，与设计图不符。 B 公司的投标报价按照工程量清单的项目特征进行组价，但在施工中采用了 YTTW 柔性防火电缆。

◉ 争议事件

　　B 公司认为，在进行工程结算时，要按照其实际使用材料调整材料价格，计入结算总价。 A 单位认为，其认可工程量清单，如有遗漏或者错误，则由投标人自行负责，履行合同过程中不会因此调整合同价款。据此， A 单位认为不应对材料价格进行调整。

◉ 争议焦点

　　针对该争议事件，焦点问题可以归结如下：

　　（1）在招标工程量清单中对项目特征的描述与施工图设计描述不符时，应由哪一方来承担责任？

　　（2）能否予以调整合同价款？

◉ 争议分析

　　《建设工程工程量清单计价规范》（GB 50500—2013）中明确了招标人应该对所提供的招标工程量清单的准确性和完整性负责。那么工程量清单中项目特征与图样不符的情况，应该由招标人承担责任，并将之纳入工程变更的管理范畴。但是这并不意味着，如果遇到项目特征不符的情况，承包人可以自行变更。正确的做法是承包人应按照发包人提供的招标工程量清单，根据其项目特征描述的内容及有关要求实施合同工程，直到其被改变为止。

　　（1）发包人在招标工程量清单中对项目特征的描述，应被认为是准确的和全面的，并且与实际施工要求相符合。在本案例中，电缆的项目特征描述为普通耐火电缆，但施工图的设计要求为 YTTW 柔性防火电缆，项目特征描述不准确，发包人应为此负责。

　　（2）承包人应按照发包人提供的招标工程量清单，根据其项目特征描述的内容及有关要求实施工程，直到其被改变为止。"被改变"是指承包人应告知发包人项目特征描述不准确，应由发包人发出变更指令进行变更。在本案例中，承包人并没有按照合同中的约定，先向发包人反映图样与工程量清单不符的问题，等到发包人的指示后再施工。而是直接按照图样施工，没有向发包人提出变更申请，擅自采用 YTTW 柔性防火电缆，这属于承包人擅自变更的行为，承包人应为由此产生的费用负责。

⊙ 解决方案

在合同履行期间，出现设计图（含设计变更）与招标工程量清单任一项目的特征描述不符，且该变化引起该项目的工程造价增减变化的，应按照实际施工的项目特征遵循工程变更规定重新确定相应工程量清单项目的综合单价，调整合同价款。所以应该按照实际完成的 YTTW 柔性防火电缆来结算。

7.2.5 工程量清单缺项（实例）

1. 合同履行期间，由于招标工程量清单中缺项，新增分部分项工程清单项目的，应按照相关规定确定单价，并调整合同价款。

2. 新增分部分项工程清单项目后，引起措施项目发生变化的，应根据工程变更第 2 条的规定，在承包人提交的实施方案被发包人批准后调整合同价款。

3. 由于招标工程量清单中措施项目缺项，承包人应将新增措施项目实施方案提交发包人批准后，按照工程变更第 1 条、第 2 条的规定调整合同价款。

【例 7-4】

⊙ 案例背景

某工程公司作为发包人承担某电站 4 台 180MW 水轮式发电机土建及安装工程，发包人将工程的各个专业工程进行专业发包，并和各专业工程的承包人签订合同。发包人与土建施工单位根据《建设工程工程量清单计价规范》（GB 50500—2013）签订了一份单价合同。该电站按承包合同中的规定，2013 年 5 月 15 日由发包人提供 1 号机水轮机埋件安装工作面，2013 年 6 月 15 日开始水轮机蜗壳安装，2014 年 8 月 1 日由机电安装单位向土建施工单位移交混凝土浇筑工作面，2015 年年底首台机组成功发电。

⊙ 争议事件

由于发包人前期投资不到位的原因，使土建工程开工延误 4 个月，土建混凝土工程直接进入冬期施工。进入冬期施工后，质监站要求承包人提高混凝土强度等级，竣工验收时按照提高后的混凝土强度等级进行验收。

承包人向发包人提出冬期施工以及混凝土提高强度等级导致费用增加的费用索赔，而在招标投标时，按照正常时间安排工程不会进入冬期施工，所以双方均没有考虑到冬期施工的情况。招标文件工程量清单的措施项目中没有冬期施工项目，承包人也没有提出异议进行报价。承包人就冬期施工提出索赔，表明按照合同约定，土建工程不会进入冬期施工。但是，由于发包人的原因导致工程进入了冬期施工，产生额外费用支出。因此，由于发包人原因导致费用大量超出合同约定范围的责任应由发包人来承担。

而发包人以合同中没有冬期施工费为由不同意承包人的索赔要求。

⊙ 争议焦点

发包人认为合同签订时承包人并没有对冬期施工提出异议，证明承包人在签订合同时是根据其报价策略，自愿承担这部分风险的。双方争论的焦点在于：发包人提供的工程量清单中没有冬期施工费，但工程施工中却产生了冬期施工费，此情况下的合同价款应如何处理？

⊙ 争议分析

发包人提供的工程量清单中没有冬期施工的措施项，作为投标人的承包人不应承担因工程量清单缺项、漏项造成的风险和责任。根据《建设工程工程量清单计价规范》（GB 50500—2013）第 9.5.3 条工程量清单缺项可知：由于招标工程量清单措施项目缺项，承包人应将新增措施项目实施方案提交发包人批准后，最后按照变更事宜来调整价款。此工程会进入冬期施工是发包人前期资金不足，工作安排不合理的原因导致的。质监站要求提高冬期施工的混凝土的质量标准而导致承包人的费用增加。因此承包人向发包人进行索赔是合理的，发包人理应准许。

⊙ 解决方案

承包人为了提高索赔成功率，在提交的索赔报告中作出了以下论证：

（1）承包人依据监理人发出的推迟开工的开工令或开工报告、原施工进度计划和现在的施工进度计划等证明工程延期进入冬期施工是发包人前期投资不足、管理不善等自身原因导致的。

（2）《建设工程工程量清单计价规范》（GB 50500—2013）第 4.1.2 条规定："招标工程量清单必须作为招标文件的组成部分，其准确性和完整性应由招标人负责。"因此，招标文件中缺少冬期施工项由发包人承担责任。

（3）承包人用质监站要求提高混凝土强度等级的资料文件证明其是按照质监站的要求，施工时必须提高混凝土强度等级，且竣工验收时按此标号验收。最终，业主同意承包人的索赔要求，同意补偿其损失。

7.2.6　工程量偏差（实例）

（1）合同履行期间，当应予计算的实际工程量与招标工程量清单出现偏差，且符合第 2 条、第 3 条规定时，发承包双方应调整合同价款。

（2）对于任一招标工程量清单项目，当因规定的工程量偏差和工程变更规定的工程变更等原因导致工程量偏差超过 15% 时，可进行调整；当工程量增加 15% 以上时，增加部分的工程量的综合单价应予调低；当工程量减少 15% 以上时，减少后剩余部分的工程量的综合单价应予调高。

调整后的某一分部分项工程费结算价可以参照下列公式计算：

（1）当 $Q_1 > 1.15Q_0$ 时

$$S = 1.15Q_0 \times P_0 + (Q_1 - 1.15Q_0) \times P_1$$

（2）当 $Q_1 < 0.85Q_0$ 时

$$S = Q_1 \times P_1$$

式中　S——调整后的某一分部分项工程费结算价；

　　　Q_1——最终完成的工程量；

　　　Q_0——招标工程量清单中列出的工程量；

　　　P_1——按照最终完成工程量重新调整后的综合单价；

　　　P_0——承包人在工程量清单中填报的综合单价。

由上述两式可以看出，计算调整后的某一分部分项工程费结算价的关键是确定新的综合单价 P_1。确定的方法有两种，一是发承包双方协商确定；二是与招标控制价相联系。当工程量偏差项目出现承包人在工程量清单中填报的综合单价与发包人招标控制价相应清单项目的综合单价偏差超过 15% 时，工程量偏差项目综合单价的调整可以参考下列公式确定：

（1）当 $P_0 < P_2 \times (1-L) \times (1-15\%)$ 时，该类项目的综合单价 P_1 按 $P_2 \times (1-L) \times (1-15\%)$ 进行调整。

（2）当 $P_0 > P_2 \times (1-L) \times (1+15\%)$ 时，该类项目的综合单价 P_1 按 $P_2 \times (1+15\%)$ 进行调整。

（3）当 $P_0 > P_2 \times (1-L) \times (1-15\%)$ 或者 $P_0 < P_2 \times (1+15\%)$ 时，可不进行调整。

式中　P_0——承包人在工程量清单中填报的综合单价；

　　　P_2——发包人招标控制价相应项目的综合单价；

　　　L——承包人报价浮动率。

3. 当工程量出现第 2 条的变化，且该变化引起相关措施项目相应发生变化时，按系数或单一总价方式计价的，工程量增加的措施项目费调增，工程量减少的措施项目费调减。

 【例 7-5】

⊙ 案例背景

2010 年 11 月 12 日，经过公开招标投标，某承包商承接了某住宅小区安装工程项目。双方签订了固定总价合同。该工程主要为道路、排水工程。合同中关于合同价款与调整有如下约定：

（1）本工程采用固定总价合同形式，除了设计变更和现场签证外，投标报价一次包死，结算不调整。施工合同所叙述的合同总价已包含承包人完成施工合同协议书的内容和图纸及工程量清单内所说明的所有工作项目。

（2）在合同工程执行中，如发生下述情况之一时，可对合同价款进行调整：1）招标图纸和施工图纸差异。2）设计变更。3）合同中规定的其他调整的情况。

◎ **争议事件**

由于本工程招标投标时所使用的图纸与工程实施时使用的图纸差异较大，同时本工程又采用固定总价合同，这就造成在合同履行过程中可能会产生多方争议，给最终的决算带来很大的难度。

◎ **争议焦点**

由于多方面的原因，本工程在合同履行及结算过程中，存在许多争议。在工程结算审核过程中，争议焦点主要表现为：

工程量的争议：承包商在施工中发现工程量清单中有部分工程量少算。例如，多余土方外运，实际施工中土方外运较原工程量清单中所提供的工程量多 $1000m^3$。承包商认为按照工程量清单的计价规则，业主应该对所提供的工程量清单中的工程量负责，承包商只对投标单价负责，要求甲方予以补偿工程量清单中少算工程量的价款。而审计单位认为，本工程为"固定总价"合同，所以工程量少算应由承包商自己承担后果。

◎ **争议分析**

通过本工程争议焦点的分析，结合本工程的招标文件和施工合同，最终作出上述问题产生原因的分析和解决以上争议的办法。

◎ **解决方案**

关于工程量争议的分析和解决：在常规情况下，按照工程量清单的计价原则，业主对工程量清单负责，投标人对清单的投标报价负责。承包商投标时应该积极响应业主提供的招标文件，在业主提供工程量清单后，承包商应在规定的时间内组织充足的技术力量对工程量进行核对和确认，否则视同认可。工程量争议主要发生在承包商未及时准确核对工程量清单的情况下，即便组织合同履行过程中承包商发现工程量漏算、少算，也很少有业主追加合同价款，除非工程量误差巨大且发包人在招标过程中有过错。关于多余土方外运工程量的争议处理，审计单位核减了该部分的造价，由承包商自己承担相应的损失。

1. 工程计量一般规定

（1）工程量必须按照相关工程现行国家计量规范规定的工程量计算规则计算。

（2）工程计量可选择按月或按工程形象进度分段计量，具体计量周期应在合同中约定。

（3）因承包人原因造成的超出合同工程范围施工或返工的工程量，发包人不予计量。

2. 单价合同的计量

单价合同亦称"单价不变合同"。由合同确定的实物工程量单价，在合同有效期间原则上不变，并作为工程结算时所用单价；而工程量则按实际完成的数量结算，即量变价不变合同。工程量必须以承包人完成合同工程应予计量的工程量确定。

（1）施工中进行工程计量，当发现招标工程量清单中出现缺项、工程量偏差，或因工程变更引起工程量增减时，应按承包人在履行合同义务中完成的工程量计算。

（2）承包人应当按照合同约定的计量周期和时间向发包人提交当期已完工程量报告。发包人应在收到报告后7天内核实，并将核实计量结果通知承包人。发包人未在约定时间内进行核实的，承包人提交的计量报告中所列的工程量应视为承包人实际完成的工程量。

（3）发包人认为需要进行现场计量核实时，应在计量前24小时通知承包人，承包人应为计量提供便利条件并派人参加。当双方均同意核实结果时，双方应在上述记录上签字确认。承包人收到通知后不派人参加计量，视为认可发包人的计量核实结果。发包人不按照约定时间通知承包人，致使承包人未能派人参加计量，计量核实结果无效。

（4）当承包人认为发包人核实后的计量结果有误时，应在收到计量结果通知后的7天内向发包人提出书面意见，并应附上其认为正确的计量结果和详细的计算资料。发包人收到书面意见后，应在7天内对承包人的计量结果进行复核后通知承包人。承包人对复核计量结果仍有异议的，按照合同约定的争议解决办法处理。

（5）承包人完成已标价工程量清单中每个项目的工程量并经发包人核实无误后，发承包双方应对每个项目的历次计量报表进行汇总，以核实最终结算工程量，并应在汇总表上签字确认。

3. 总价合同的计量

总价合同是指根据合同规定的工程施工内容和有关条件，业主应付给承包商的款额是一个规定的金额，即明确的总价。

（1）采用工程量清单方式招标形成的总价合同，其工程量应按照《建设工程工程量清单计价规范》（GB 50500—2013）第8.3节的规定计算。

（2）采用经审定批准的施工图纸及其预算方式发包形成的总价合同，除按照工程变更规定的工程量增减外，总价合同各项目的工程量应为承包人用于结算的最终工程量。

（3）总价合同约定的项目计量应以合同工程经审定批准的施工图纸为依据，发承包双方应在合同中约定工程计量的形象目标或时间节点进行计量。

（4）承包人应在合同约定的每个计量周期内对已完成的工程进行计量，并向发包人提交达到工程形象目标完成的工程量和有关计量资料的报告。

（5）发包人应在收到报告后7天内对承包人提交的上述资料进行复核，以确定实际完成的工程量和工程形象目标。对其有异议的，应通知承包人进行共同复核。

7.2.7　计日工

计日工是为了解决现场发生的零星工作的计价而设立的，是以工作日为单位计算报酬的。

1. 发包人通知承包人以计日工方式实施的零星工作，承包人应予执行。

2. 采用计日工计价的任何一项变更工作，在该项变更的实施过程中，承包人应按合同约定提交下列报表和有关凭证送发包人复核：

（1）工作名称、内容和数量。

（2）投入该工作所有人员的姓名、工种、级别和耗用工时。

（3）投入该工作的材料名称、类别和数量。

（4）投入该工作的施工设备型号、台数和耗用台时。

（5）发包人要求提交的其他资料和凭证。

3. 任一计日工项目持续进行时，承包人应在该项工作实施结束后的 24 小时内向发包人提交有计日工记录汇总的现场签证报告一式三份。发包人在收到承包人提交现场签证报告后的 2 天内予以确认并将其中一份返还给承包人，作为计日工计价和支付的依据。发包人逾期未确认也未提出修改意见的，应视为承包人提交的现场签证报告已被发包人认可。

4. 任一计日工项目实施结束后，承包人应按照确认的计日工现场签证报告核实该类项目的工程数量，并应根据核实的工程数量和承包人已标价工程量清单中的计日工单价计算，提出应付价款；已标价工程量清单中没有该类计日工单价的，由发承包双方按工程变更的规定商定计日工单价计算。

5. 每个支付期末，承包人应按照进度款的规定向发包人提交本期间所有计日工记录的签证汇总表，并应说明本期间自己认为有权得到的计日工金额，调整合同价款，列入进度款支付。

7.2.8　物价变化（实例）

1. 合同履行期间，因人工、材料、工程设备、机械台班价格波动影响合同价款时，应根据合同约定，按《建设工程工程量清单计价规范》（GB 50500—2013）附录 A 的方法之一调整合同价款。

2. 承包人采购材料和工程设备的，应在合同中约定主要材料、工程设备价格变化的范围或幅度；当没有约定，且材料、工程设备单价变化超过 5% 时，超过部分的价格应按照《建设工程工程量清单计价规范》（GB 50500—2013）附录 A 的方法计算调整材料、工程设备费。

3. 发生合同工程工期延误的，应按照下列规定确定合同履行期的价格调整：

（1）因非承包人原因导致工期延误的，计划进度日期后续工程的价格，应采用计划进度日期与实际进度日期两者的较高者。

（2）因承包人原因导致工期延误的，计划进度日期后续工程的价格，应采用计划进度日期与实际进度日期两者的较低者。

4. 发包人供应材料和工程设备的，不适用上述第 1 条、第 2 条规定，应由发包人按照实际变化调整，列入合同工程的工程造价内。

 【例 7-6】

> ⊙ 案例背景
>
> 　　某工程项目敷设焊接钢管 SC100 共计 2368.5m，砖混结构暗配，安装双管链吊式荧光灯、组装型共计 188 套，焊接钢管 SC100 和组装型双管链吊式荧光灯的合同约定单价分别为 4250.00 元/t 和 318.00 元/套，确认实际采购单价分别为 3820.00 元/t 和 345.00 元/套。合同约定主要材料价格变化幅度为 ±6%，试计算焊接钢管 SC100 和双管链吊式荧光灯的差价（注：荧光灯具单价包括灯管的价格，焊接钢管 SC100 的定额含量为 103m，单位长度理论重量为 10.85kg/m，荧光灯具的定额含量为 10.1 套）。
>
> ⊙ 争议事件
>
> 　　本项目焊接钢管 SC100 和组装型双管链吊式荧光灯的合同约定单价与实际采购价不一样，物价变化引起工程价款争议。
>
> ⊙ 争议焦点
>
> 　　由于材料价格的变化，焊接钢管 SC100 和组装型双管链吊式荧光灯最终差价应如何计算？
>
> ⊙ 争议分析
>
> 　　本项目合同约定主要材料价格变化幅度为 ±6%（材料单价上涨时，约定幅度取正值，材料单价下落时，约定幅度取负值）。焊接钢管 SC100 和组装型双管链吊式荧光灯由物价变化引起的价差应按照合同约定进行计算。
>
> ⊙ 解决方案
>
> 　　（1）焊接钢管 SC100 差价：
>
> 　　焊接钢管 SC100 的消耗量为：$G = 10.85 \times 2368.5/100 \times 103/1000 = 26.47t$
>
> 　　焊接钢管 SC100 的主材竣工结算差价为：
>
> $$Z = 26.47 \times [3820.00 - 4250.00 \times (1 - 6\%)] = -4632.25 \text{ 元}$$
>
> 　　（2）组装型双管链吊式荧光灯差价：
>
> 　　荧光灯具消耗量为：$G = 188/10 \times 10.1 = 189.88$ 套
>
> 　　组装型双管链吊式荧光灯的主材竣工结算差价为：
>
> $$Z = 189.88 \times [345.00 - 318.00 \times (1 + 6\%)] = 1503.85 \text{ 元}$$

7.2.9 暂估价（实例）

暂估价是指发包人在工程量清单或预算书中提供的用于支付必然发生但暂时不能确定价格的材料、工程设备的单价、专业工程以及服务工作的金额。招标投标中的暂估价是指总承包招标时不能确定价格而由招标人在招标文件中暂时估定的工程、货物、服务的金额。

1. 发包人在招标工程量清单中给定暂估价的材料、工程设备属于依法必须招标的，应由发承包双方以招标的方式选择供应商，确定价格，并应以此为依据取代暂估价，调整合同价款。

2. 发包人在招标工程量清单中给定暂估价的材料、工程设备不属于依法必须招标的，应由承包人按照合同约定采购，经发包人确认单价后取代暂估价，调整合同价款。

3. 发包人在工程量清单中给定暂估价的专业工程不属于依法必须招标的，应按照工程变更相应条款的规定确定专业工程价款，并应以此为依据取代专业工程暂估价，调整合同价款。

4. 发包人在招标工程量清单中给定暂估价的专业工程，依法必须招标的，应当由发承包双方依法组织招标选择专业分包人，并接受有管辖权的建设工程招标投标管理机构的监督，还应符合下列要求：

（1）除合同另有约定外，承包人不参加投标的专业工程发包招标，应由承包人作为招标人，但拟定的招标文件、评标工作、评标结果应报送发包人批准。与组织招标工作有关的费用应当被认为已经包括在承包人的签约合同价（投标总报价）中。

（2）承包人参加投标的专业工程发包招标，应由发包人作为招标人，与组织招标工作有关的费用由发包人承担。同等条件下，应优先选择承包人中标。

（3）应以专业工程发包中的标价为依据取代专业工程暂估价，调整合同价款。

 【例 7-7】

> ⊙ **案例背景**
>
> 2011 年，发包人 A 与承包人 B 就某工程签订了相关施工合同，该合同为单价合同。工程使用一种特种混凝土，由于此混凝土性质特殊，国内只有一家供应商，其成本高、价格风险难以确定。为平衡风险，发承包双方将该混凝土项列为材料暂估价，约定该混凝土按 18850 元/m³ 计价。 2015 年，工程进入结算阶段，由于该特殊混凝土价格上涨，发承包双方产生争议。双方当事人在合同专用条款第 10.7 条中约定："该特种混凝土按 18850 元/m³ 计价，结算时按实际采购价格进行调整。" 2013 年 3 月，经发包人批准，承包人与供应商进行特种混凝土单一来源采购谈判，发包人受邀参加，最终确定特种混凝土采购价为 19950 元/m³。随后，发承包双方签订补充协议，明确"特种混凝土采购价为 19950 元/m³，设计用量 430m³，总价 857.85 万元，上述价格作为结算依据"。

⊙ **争议事件**

承包人根据合同约定按计划采购材料并完成施工，发包人按进度拨付价款给承包人。工程完工后承包人提交结算资料，发包人按时审核，但在具体价款中，产生了分歧。承包人认为，材料价实际上是供应商的材料原价，是不含承包人的管理费的。由于材料暂估价列入了综合单价，而材料暂估价上涨，必然会导致分部分项工程费上涨，而管理费又是以分部分项工程费作为取费基数，因此除了调整材料费价差外，还应调整相关管理费。发包人认为，按合同专用条款约定，该特种混凝土按 18850 元/m³ 计价，结算时按实际采购价格进行调整，然后又签订相关补充协议，约定该特种混凝土最终采购价为 19950 元/m³，设计用量 430m³，总价 857.85 万元，上述价格作为结算依据。因此只调整价差 47.3 万元。

⊙ **争议焦点**

经分析总结，双方争议的焦点在于：材料暂估价的上涨是否补偿了管理费。

⊙ **争议分析**

因材料暂估价未经竞争，属于待定价格，在合同履行过程中，当事人双方需要依据标的按照约定确定价款。具体确定方式根据暂估价金额大小和合同约定，依据《招标投标法》和《建设工程工程量清单计价规范》（GB 50500—2013）等有关规定，可以分为属于依法必须招标的暂估价项目和不属于依法必须招标的暂估价项目两大类。

《中华人民共和国招标投标法实施条例》（以下简称《招标投标法实施条例》）和《建设工程工程量清单计价规范》（GB 50500—2013）将暂估价专门列为一节，规定材料、工程设备、专业工程暂估价属于依法必须招标的，"应由发承包双方以招标的方式选择供应商，确定价格，并应以此为依据取代暂估价，调整合同价款。"不属于依法必须招标的材料和工程设备，"应由承包人按照合同约定采购，经发包人确认单价后取代暂估价，调整合同价款"；不属于依法必须招标的专业工程，按变更原则确定价款，并以此取代暂估价。

对于依法必须招标的暂估价项目，有两种确定方式，即承包人招标（第 1 种方式）、发包人和承包共同招标（第 2 种方式），默认第 1 种方式；而不属于依法必须招标的暂估价项目，有三种确定方式，即签订合同前报批（第 1 种方式）、承包人招标（第 2 种方式）、承包人与发包人协商后自行实施（第 3 种方式），默认第 1 种方式。《招标投标法》《建设工程工程量清单计价规范》（GB 50500—2013）中的暂估价项目确定方式共分 5 种情况，如图 7-1 所示。

（1）采购方式的确定

在本案例中，由于特殊材料国内只有一家生产商，根据《招标投标法》及其实施条例，不属于依法必须招标的暂估价项目。在这种情况下，承包人按约定组织单一来源采购，实际上是选择不属于依法招标暂估价项目的第 1 种方式"在签订采购合同前报发包人批准，签订暂估价合同后报发包人留存"确定暂估价。由于暂估价项目由承包人采购，发包人"买单",发包人比承包人更关心采购的质量和价款。

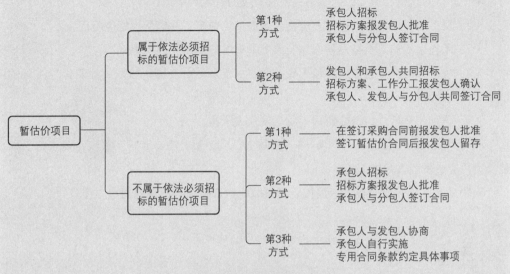

图 7-1 暂估价项目确定方式

出于监督权的考虑,承包人应当邀请发包人参加采购谈判。出于知情权的履行,发包人会积极地参与谈判。相反,如果承包人未经发包人同意,而自行购买材料,则存在采购价不被认可的可能。

(2)具体价款的确定

在具体价款的确定中,承包人按照征得发包人同意进行采购谈判、谈判结果报发包人批准、与分包人签订合同、向发包人申报调整价款、签订补充协议等程序进行;而发包人按照监督采购、确认调整价款(双方签订补充协议)、按进度拨付价款等程序进行。根据合同及补充合同约定,该特种混凝土应按实际采购价格结算。双方约定"结算时按实际采购价格进行调整""特种混凝土采购价为 19950 元/m³、设计用量 430m³、总价857.85 万元,上述价格作为结算依据"。

根据《建设工程工程量清单计价规范》(GB 50500—2013)和《标准施工招标文件》的解释,暂估价或者工程设备的单价确定后在综合单价中只应取代原暂估价单价,不应在综合单价中涉及企业管理费或利润等其他费用的变动。

⊙ 解决方案

综上,本案例中特种混凝土材料应当调差 47.3 万元,不应另行计取管理费。

7.2.10 不可抗力(实例)

1. 因不可抗力事件导致的人员伤亡、财产损失及其费用增加,发承包双方应按下列原则分别承担并调整合同价款和工期:

（1）合同工程本身的损害、因工程损害导致第三方人员伤亡和财产损失以及运至施工场地用于施工的材料和待安装的设备的损害，应由发包人承担。

（2）发包人、承包人人员伤亡应由其所在单位负责，并应承担相应费用。

（3）承包人的施工机械设备损坏及停工损失，应由承包人承担。

（4）停工期间，承包人应发包人要求留在施工场地的必要的管理人员及保卫人员的费用应由发包人承担。

（5）工程所需清理、修复费用，应由发包人承担。

2. 不可抗力解除后复工的，若不能按期竣工，应合理延长工期。发包人要求赶工的，赶工费用应由发包人承担。

3. 因不可抗力解除合同的，应按合同解除的价款结算与支付的规定办理。

 【例 7-8】

⊙ 案例背景

　　某工程在施工过程中，因不可抗力造成损失。

⊙ 争议事件

　　承包人及时向项目监理机构提出了索赔申请，并附有相关证明材料，要求补偿的经济损失如下：

　　（1）在建工程损失 26 万元。

　　（2）承包人受伤人员医药费、补偿金 4.5 万元。

　　（3）施工机具损坏损失 17 万元。

　　（4）施工机具闲置、施工人员窝工损失 5.6 万元。

　　（5）工程清理、修复费用 3.5 万元。

⊙ 争议焦点

　　以上的经济损失是否补偿给承包人？项目监理机构应批准的补偿金额为多少元？

⊙ 争议分析

　　根据建筑法律及本工程合同相关规定：不可抗力造成工程本身的损失，由发包人承担；不可抗力造成承发包双方的人员伤亡，分别各自承担；不可抗力造成施工机械设备损坏，由承包人承担；不可抗力造成承包人机械设备的停工损失，由承包人承担；不可抗力造成工程所需清理、修复费用，由发包人承担。

⊙ 解决方案

　　（1）在建工程损失 26 万元的经济损失应补偿给承包人。

　　（2）承包人受伤人员医药费、补偿费 4.5 万元的经济损失不应补偿给承包人。

　　（3）施工机具损坏损失 12 万元的经济损失不应补偿给承包人。

　　（4）施工机具闲置、施工人员窝工损失 5.6 万元的经济损失不应补偿给承包人。

（5）工程清理、修复费用 3.5 万元的经济损失应补偿给承包人。

项目监理机构应批准的补偿金额：　26＋3.5＝29.5 万元。

7.2.11　提前竣工

1. 招标人应依据相关工程的工期定额合理计算工期，压缩的工期天数不得超过定额工期的 20%，超过者，应在招标文件中明示增加赶工费用。

2. 发包人要求合同工程提前竣工的，应征得承包人同意后与承包人商定采取加快工程进度的措施，并应修订合同工程进度计划。发包人应承担承包人由此增加的提前竣工（赶工补偿）费用。

3. 发承包双方应在合同中约定提前竣工每日历天应补偿额度，此项费用应作为增加合同价款列入竣工结算文件中，应与结算款一并支付。

7.2.12　误期赔偿

1. 承包人未按照合同约定施工，导致实际进度迟于计划进度的，承包人应加快进度，实现合同工期。

合同工程发生误期，承包人应赔偿发包人由此造成的损失，并应按照合同约定向发包人支付误期赔偿费。即使承包人支付误期赔偿费，也不能免除承包人按照合同约定应承担的任何责任和应履行的任何义务。

2. 发承包双方应在合同中约定误期赔偿费，并应明确每日历天应赔额度。误期赔偿费应列入竣工结算文件中，并应在结算款中扣除。

3. 在工程竣工之前，合同工程内的某单项（位）工程已通过了竣工验收，且该单项（位）工程接收证书中表明的竣工日期并未延误，而是合同工程的其他部分产生了工期延误时，误期赔偿费应按照已颁发工程接收证书的单项（位）工程造价占合同价款的比例幅度予以扣减。

7.2.13　索赔（实例）

索赔是受到损失的一方当事人向违约的一方当事人提出损害赔偿的要求。

1. 当合同一方向另一方提出索赔时，应有正当的索赔理由和有效证据，并应符合合同的相关约定。

2. 根据合同约定，承包人认为由于非承包人原因发生的事件造成了承包人的损失，应按下列程序向发包人提出索赔：

（1）承包人应在知道或应当知道索赔事件发生后 28 天内，向发包人提交索赔意向通知书，说明发生索赔事件的事由。承包人逾期未发出索赔意向通知书的，丧失索赔的权利。

（2）承包人应在发出索赔意向通知书后 28 天内，向发包人正式提交索赔通知书。索赔通知书应详细说明索赔理由和要求，并应附必要的记录和证明材料。

（3）索赔事件具有连续影响的，承包人应继续提交延续索赔通知，说明连续影响的实际情况和记录。

（4）在索赔事件影响结束后的 28 天内，承包人应向发包人提交最终索赔通知书，说明最终索赔要求，并应附必要的记录和证明材料。

3. 承包人索赔应按下列程序处理：

（1）发包人收到承包人的索赔通知书后，应及时查验承包人的记录和证明材料。

（2）发包人应在收到索赔通知书或有关索赔的进一步证明材料后的 28 天内，将索赔处理结果答复承包人，如果发包人逾期未作出答复，视为承包人索赔要求已被发包人认可。

（3）承包人接受索赔处理结果的，索赔款项应作为增加合同价款，在当期进度款中进行支付；承包人不接受索赔处理结果的，应按合同约定的争议解决方式办理。

4. 承包人要求赔偿时，可以选择下列一项或几项方式获得赔偿：

（1）延长工期。

（2）要求发包人支付实际发生的额外费用。

（3）要求发包人支付合理的预期利润。

（4）要求发包人按合同的约定支付违约金。

5. 当承包人的费用索赔与工期索赔要求相关联时，发包人在作出费用索赔的批准决定时，应结合工程延期，综合作出费用赔偿和工程延期的决定。

6. 发承包双方在按合同约定办理了竣工结算后，应被认为承包人已无权再提出竣工结算前所发生的任何索赔。承包人在提交的最终结清申请中，只限于提出竣工结算后的索赔，提出索赔的期限应自发承包双方最终结清时终止。

7. 根据合同约定，发包人认为由于承包人的原因造成发包人的损失，宜按承包人索赔的程序进行索赔。

8. 发包人要求赔偿时，可以选择下列一项或几项方式获得赔偿：

（1）延长质量缺陷修复期限。

（2）要求承包人支付实际发生的额外费用。

（3）要求承包人按合同的约定支付违约金。

9. 承包人应付给发包人的索赔金额可从拟支付给承包人的合同价款中扣除，或由承包人以其他方式支付给发包人。

【例 7-9】

⊙ **案例背景**

某设备安装工程合同，总价为 3000 万元，发包人与承包人按《建筑工程施工合同（示范文本）》（GF—2017—0201）签订了施工合同。

⊙ **争议事件**

设备安装过程中发生了以下事件：

事件 1：在安装设备的过程中，发现原土建施工预留的设备基础不符合要求，处理设备基础时，该事件影响总工期 3 天，造成总承包人发生窝工费 1 万元，承包人及时向监理人发出了索赔申请，并提交了完整的索赔资料，索赔工期 7 天，窝工费 1 万元。

事件 2：总承包人自有施工器械设备发生故障，故修理机械设备停工 3 天，造成承包人发生窝工费 0.5 万元，承包人及时向监理人发出了索赔申请，并提交了完整的索赔资料，索赔工期 3 天，窝工费 0.5 万元。

事件 3：设备安装施工期间出现罕见特大暴雨，造成设备安装场地积水，停工 3 天，发生现场修理费用 1 万元，承包人窝工费 0.3 万元，承包人及时向监理人发出了索赔申请，并提交了完整的索赔资料，索赔工期 3 天，窝工费 1.3 万元。

⊙ **争议焦点**

（1）针对事件 1，承包人主张的索赔是否合理，说明理由。

（2）事件 2 中，监理工程师驳回承包人的索赔请求，监理工程师的做法是否正确？

（3）针对事件 3，请指出承包人主张索赔的不妥之处，说明理由。

⊙ **争议分析**

（1）安装设备的过程中，发现原土建施工预留的设备基础不符合要求并进行处理，该事件非承包人原因，因此，产生的费用和工期延误由发包人承担。

（2）机械属于承包人自有，承包人需要自己承担其费用和工期延误。

（3）罕见暴雨属于不可抗力，工期需要顺延。现场修理属于甲方承担范围，现场修理费属于索赔范围；承包人窝工发生的费用自行承担。

⊙ **解决方案**

（1）事件 1 承包人主张的索赔合理。

（2）事件 2 承包人自行承担费用和工期延误。

（3）事件 3 工期顺延，甲方承担 1 万元现场修理费，承包人承担窝工费用。

7.2.14 现场签证（实例）

现场签证是在施工过程中遇到问题时，由于报批需要时间，所以在施工现场由现场负责人当场审批的一个过程。

1. 承包人应发包人要求完成合同以外的零星项目、非承包人责任事件等工作的，发包人应及时以书面形式向承包人发出指令，并应提供所需的相关资料；承包人在收到指令后，应及时向发包人提出现场签证要求。

2. 承包人应在收到发包人指令后的 7 天内向发包人提交现场签证报告，发包人应在收到现场签证报告后的 48 小时内对报告内容进行核实，予以确认或提出修改意见。发包人在收到承包人现场签证报告后的 48 小时内未确认也未提出修改意见的，应视为承包人提交的现场签证报告已被发包人认可。

3. 现场签证的工作如已有相应的计日工单价，现场签证中应列明完成该类项目所需的人工、材料、工程设备和施工机械台班的数量。

如现场签证的工作没有相应的计日工单价，应在现场签证报告中列明完成该签证工作所需的人工、材料设备和施工机械台班的数量及单价。

4. 合同工程发生现场签证事项，未经发包人签证确认，承包人便擅自施工的，除非征得发包人书面同意，否则发生的费用应由承包人承担。

5. 现场签证工作完成后的 7 天内，承包人应按照现场签证内容计算价款，报送发包人确认后，作为增加合同价款，与进度款同期支付。

6. 在施工过程中，当发现合同工程内容与场地条件、地质水文、发包人要求等不一致时，承包人应提供所需的相关资料，并提交发包人签证认可，作为合同价款调整的依据。

 【例 7-10】

> ⊙ 案例背景
>
> 　　湖南省某市实验室工程，建筑占地面积为 2212.1m²，建筑面积为 6099.5m²，4 层框架结构，合同总价为 1568.8 万元，由招标机构公开招标，于 2014 年 3 月 30 日开标，当年 4 月 1 日公示中标，当年 4 月 12 日发承包双方签订建设工程施工合同，计划开工日期为当年 4 月 26 日，计划竣工日期为第二年 4 月 20 日，合同工期总日历天数为 360 天，合同价款采用固定单价合同形式。在竣工结算时，发包人认为部分现场签证单存在问题，因此产生纠纷。
>
> ⊙ 争议事件
>
> 　　在施工过程中，承包人按照发包人的变更指令，在墙体内部安装 DN20 镀锌钢管，由于承包人自身原因，没有及时办理现场签证，并在事后进行补签手续。在竣工结算阶段，

发包人发现该现场签证单中内容栏只注明了 DN20 镀锌钢管的工程量，没有写明该钢管的单价。而现场签证单中的日期栏既没有标明签署时间，也没有表明施工发生的时间按照当地造价信息公布的市场指导价，一、二月份 DN20 镀锌钢管单价与三、四月份的单价相差 150 元，合同约定竣工结算时此材料按公布的市场指导价执行。承包人要求按照三、四月份的镀锌钢管单价进行结算，而发包人想按照一、二月份镀锌钢管单价进行结算，双方由此产生争议。

⊙ **争议焦点**

本案例中争议的焦点在于：补签的现场签证单上缺乏某签证材料的单价，如何确定该材料的单价。

⊙ **争议分析**

现场签证一般是在施工过程中或在结算过程中签订，在施工合同履行过程中，有相当一部分签证事项有严格的签证时效，稍有疏忽就会导致现场签证无效甚至得不到签证。

《建设工程工程量清单计价规范》（GB 50500—2013）第 9.14.2 条、第 9.14.5 条与《建设工程价款结算暂行办法》（财建〔2004〕369 号）第十四条第六款都规定了现场签证的时效，发承包双方应按期执行。发包人发出口头签证指令，承包人应在收到发包人指令后的 7 天内向发包人提交现场签证报告，发包人应在收到现场签证报告后的 48 小时内对报告内容进行核实，予以确认或提出修改意见。发包人在收到承包人现场签证报告后的 48 小时内未确认也未提出修改意见的，应视为承包人提交的现场签证报告已被发包人认可。现场签证工作完成后的 7 天内，承包人应按照现场签证内容计算价款，报送发包人确认后，作为增加合同价款，与进度款同期支付。在本案例中，发包人发出指令要求在墙体内部安装 DN20 镀锌钢管，那么承包人本应在指令发出后的 7 天内找发包人办理现场签证，但是由于承包人自身原因，未在规定时间内办理签证，从而导致补签，并且在补签过程中不规范，未填写日期和单价。所以该补签的签证单所存在的争议应由承包人自身承担。

⊙ **解决方案**

根据上述分析，由于承包人原因造成的现场签证补签并且内容不规范，所以该现场签证单不予结算，具体 DN20 镀锌钢管的单价应另行计算。

7.2.15　暂列金额（实例）

暂列金额是指招标人在工程量清单中暂定并包括在合同价款中的一笔款项。用于施工合同签订时尚未确定或者不可预见的所需材料、设备、服务的采购，施工中可能发生的工程变更、合同约定调整因素出现时的工程价款调整以及发生的索赔、现场签证确认等的费用。

1. 已签约合同价中的暂列金额应由发包人掌握使用。

2. 发包人按照前 14 项的规定支付后，暂列金额余额应归发包人所有。

 【例 7-11】

◉ **案例背景**

业主招标时，招标工程量清单的安装单位工程合同含 500 万元暂列价。在招标控制价中也包含此项费用，但是 A 施工单位编制投标报价时未填此报 500 万元暂列金额。按评标规则， A 施工单位应判为废标，但由于评标专家与业主疏忽，最终 A 施工单位低价中标。中标通知书中标价与合同签订价均不含这 500 万元暂列价。

◉ **争议事件**

开标后承包商按部就班施工，最后按期圆满交工且质量验收合格，但在最终结算时，双方扯出 500 万元，承包商就 500 万元暂列金额向甲方索要，甲方不同意支付，因此双方产生了纠纷。

◉ **争议焦点**

承包商索赔是否合理？如果合理，甲方应向承包商支付金额是多少？

◉ **争议分析**

暂列价是招标人在招标时预留的一笔机动资金，用于开标后的变更、签证、索赔、价款调整这四笔费用的机动资金，用不完的剩余金额由乙方还给甲方，不够部分由甲方补充给乙方。在甲乙双方的结算报告中，所建工程涉及的所有的变更、签证、索赔、价款调整，总计 370 万元。

◉ **解决方案**

承包商索赔合理，但甲方应向承包商支付安装工程涉及的所有的变更、签证、索赔、价款调整 370 万元，而非 500 万元。

7.3 合同价款期中支付

7.3.1 预付款支付

1. 承包人应将预付款专用于合同工程。

2. 包工包料工程的预付款的支付比例不得低于签约合同价（扣除暂列金额）的 10%，不宜高于签约合同价（扣除暂列金额）的 30%。

3. 承包人应在签订合同或向发包人提供与预付款等额的预付款保函后向发包人提交预付款支付申请。

4. 发包人应在收到支付申请的 7 天内进行核实，向承包人发出预付款支付证书，并在签发支付证书后的 7 天内向承包人支付预付款。

5. 发包人没有按合同约定按时支付预付款的，承包人可催告发包人支付；发包人在预付款期满后的 7 天内仍未支付的，承包人可在付款期满后的第 8 天起暂停施工。发包人应承担由此增加的费用和延误的工期，并应向承包人支付合理利润。

6. 预付款应从每一个支付期应支付给承包人的工程进度款中扣回，直到扣回的金额达到合同约定的预付款金额为止。

7. 承包人的预付款保函的担保金额根据预付款扣回的数额相应递减，但在预付款全部扣回之前一直保持有效。发包人应在预付款扣完后的 14 天内将预付款保函退还给承包人。

7.3.2　安全文明施工费

1. 安全文明施工费包括的内容和使用范围，应符合国家有关文件和计量规范的规定。

2. 发包人应在工程开工后的 28 天内预付不低于当年施工进度计划的安全文明施工费总额的 60%，其余部分应按照提前安排的原则进行分解，并应与进度款同期支付。

3. 发包人没有按时支付安全文明施工费的，承包人可催告发包人支付；发包人在付款期满后的 7 天内仍未支付的，若发生安全事故，发包人应承担相应责任。

4. 承包人对安全文明施工费应专款专用，在财务账目中应单独列项备查，不得挪作他用，否则发包人有权要求其限期改正；逾期未改正的，造成的损失和延误的工期应由承包人承担。

7.3.3　进度款支付

1. 发承包双方应按照合同约定的时间程序和方法，根据工程计量结果，办理期中价款结算，支付进度款。

2. 进度款支付周期应与合同约定的工程计量周期一致。

3. 已标价工程量清单中的单价项目，承包人应按工程计量确认的工程量与综合单价计算；综合单价发生调整的，以发承包双方确认调整的综合单价计算进度款。

4. 已标价工程量清单中的总价项目和按照规定形成的总价合同，承包人应按合同中约定的进度款支付分解，分别列入进度款支付申请中的安全文明施工费和本周期应支付的总价项目的金额中。

5. 发包人提供的甲供材料金额，应按照发包人签约提供的单价和数量从进度款支付中扣除，列入本周期应扣减的金额中。

6. 承包人现场签证和得到发包人确认的索赔金额应列入本周期应增加的金额中。

7. 进度款的支付比例按照合同约定，按期中结算价款总额计，不低于 60%，不高于 90%。

8. 承包人应在每个计量周期到期后的 7 天内向发包人提交已完工程进度款支付申请一式四份，详细说明此周期认为有权得到的款额，包括分包人已完工程的价款。支付申请应包括下列内容：

（1）累计已完成的合同价款。

（2）累计已实际支付的合同价款。

（3）本周期合计完成的合同价款。本周期已完成单价项目的金额；本周期应支付的总价项目的金额；本周期已完成的计日工价款；本周期应支付的安全文明施工费；本周期应增加的金额。

（4）本周期合计应扣减的金额。本周期应扣回的预付款；本周期应扣减的金额。

（5）本周期实际应支付的合同价款。

9. 发包人应在收到承包人进度款支付申请后的 14 天内，根据计量结果和合同约定对申请内容予以核实，确认后向承包人出具进度款支付证书。若发承包双方对部分清单项目的计量结果出现争议，发包人应对无争议部分的工程计量结果向承包人出具进度款支付证书。

10. 发包人应在签发进度款支付证书后的 14 天内，按照支付证书列明的金额向承包人支付进度款。

11. 若发包人逾期未签发进度款支付证书，则视为承包人提交的进度款支付申请已被发包人认可，承包人可向发包人发出催告付款的通知。发包人应在收到通知后的 14 天内，按照承包人支付申请的金额向承包人支付进度款。

12. 发包人未按照第 9 条～第 10 条的规定支付进度款的，承包人可催告发包人支付，并有权获得延迟支付的利息；发包人在付款期满后的 7 天内仍未支付的，承包人可在付款期满后的第 8 天起暂停施工。发包人应承担由此增加的费用和延误的工期，向承包人支付合理利润，并应承担违约责任。

13. 发现已签发的任何支付证书有错、漏或重复的数额，发包人有权予以修正，承包人也有权提出修正申请。经发承包双方复核同意修正的，应在本次到期的进度款中支付或扣除。

第8章 电气工程竣工结算

8.1 一般规定

8.1.1 依据

工程竣工验收报告完成后，安装单位应在规定的时间内向建设单位递交工程竣工结算报告及完整的结算资料。

竣工结算编制依据下列资料：

1. 国家有关法律、法规、规章制度和相关的司法解释。

2. 国务院建设行政主管部门以及各省、自治区、直辖市和有关部门发布的工程造价计价标准、计价办法有关规定及相关解释。

3. 施工发承包合同、专业分包合同及补充合同，有关材料、设备采购合同。

4. 招标投标文件，包括招标答疑文件、投标承诺、中标报价书及其组成内容。

5. 工程竣工图或施工图、施工图会审记录，经批准的施工组织设计，以及设计变更、工程洽商和相关会议纪要。

6. 经批准的开竣工报告或停复工报告。

7. 建设工程工程量清单计价规范或工程预算定额、费用定额及价格信息、调价规定等。

8. 工程预算书。

9. 影响工程造价的相关资料。

10. 工程质量保修书。

11. 结算编制委托合同。

12. 其他有关资料。

8.1.2 要求

1. 竣工结算一般经过发包人或有关单位验收合格且点交后方可进行。

2. 竣工结算应以施工发承包合同为基础，按合同约定的工程价款调整方式对原合同价款进行调整。

3. 竣工结算应核查设计变更、工程洽商等工程资料的合法性、有效性、真实性和完整性。对有疑义的工程实体项目，应视现场条件和实际需要核查隐蔽工程。

4. 建设项目由多个单项工程或单位工程构成的，应按建设项目划分标准的规定，将各单项工程或单位工程竣工结算汇总，编制相应的工程结算书，并撰写编制说明。

5. 实行分阶段结算的工程，应将各阶段工程结算汇总，编制工程结算书，并撰写编制说明。

6. 实行专业分包结算的工程，应将各专业分包结算汇总在相应的单位工程或单项工程结算内，并撰写编制说明。

7. 竣工结算编制应采用书面形式，有电子文本要求的应一并报送与书面形式内容一致的电子版本。

8. 竣工结算应严格按工程结算编制程序进行编制，做到程序化、规范化，结算资料必须完整。

8.2　竣工结算文件编制

8.2.1　内容

1. 竣工结算应按准备、编制和定稿三个工作阶段进行，并实行编制人、校对人和审核人分别署名盖章确认的内部审核制度。

2. 结算编制准备阶段

（1）收集与工程结算编制相关的原始资料。

（2）熟悉工程结算资料内容，进行分类、归纳、整理。

（3）召集相关单位或部门的有关人员参加工程结算预备会议，对结算内容和结算资料进行核对与充实完善。

（4）收集建设期内影响合同价格的法律和政策性文件。

3. 结算编制阶段

（1）根据竣工图及施工图以及施工组织设计进行现场踏勘，对需要调整的工程项目进行观察、对照、必要的现场实测和计算，作好书面或影像记录。

（2）按既定的工程量计算规则计算需调整的分部分项、施工措施或其他项目工程量。

（3）按招标投标文件、施工发承包合同规定的计价原则和计价办法对分部分项、施工措施或其他项目进行计价。

（4）对于工程量清单或定额缺项以及采用新材料、新设备、新工艺的，应根据施工过程中的合理消耗和市场价格，编制综合单价或单位估价分析表。

（5）工程索赔应按合同约定的索赔处理原则、程序和计算方法，提出索赔费用，经发包人确认后作为结算依据。

（6）汇总计算工程费用，包括编制分部分项工程费、施工措施项目费、其他项目费、零星工作项目费等表格，初步确定工程结算价格。

（7）编写编制说明。

（8）计算主要技术经济指标。

（9）提交结算编制的初步成果文件待校对、审核。

4. 结算编制定稿阶段

（1）由结算编制受托人单位的部门负责人对初步成果文件进行检查校对。

（2）由结算编制受托人单位的主管负责人审核批准。

（3）在合同约定的期限内，向委托人提交经编制人、校对人、审核人和受托人单位盖章确认的正式的结算编制文件。

8.2.2　方法

1. 竣工结算的编制应区分施工发承包合同类型，采用相应的编制方法。

（1）采用总价合同的，应在合同价基础上对设计变更、工程洽商以及工程索赔等合同约定可以调整的内容进行调整。

（2）采用单价合同的，应计算或核定竣工图或施工图以内的各个分部分项工程量，依据合同约定的方式确定分部分项工程项目价格，并对设计变更、工程洽商、施工措施以及工程索赔等内容进行调整。

（3）采用成本加酬金合同的，应依据合同约定的方法计算各个分部分项工程以及设计变更、工程洽商、施工措施等内容的工程成本，计算酬金及有关税费。

2. 竣工结算中涉及工程单价调整时，应当遵循以下原则：

（1）合同中已有适用于变更工程、新增工程单价的，按已有的单价结算。

（2）合同中有类似变更工程、新增工程单价的，可以参照类似单价作为结算依据。

（3）合同中没有适用或类似变更工程、新增工程单价的，结算编制受托人可商洽承包人或发包人提出适当的价格，经对方确认后作为结算依据。

3. 竣工结算编制中涉及的工程单价应按合同要求分别采用综合单价或工料单价。工程量清单计价的工程项目应采用综合单价；定额计价的工程项目可采用工料单价。

8.2.3　表式

竣工结算价编制使用的表格包括：

1. 竣工结算书封面。

2. 竣工结算总价扉页。

3. 工程计价总说明表。

4. 建设项目竣工结算汇总表。

5. 单项工程竣工结算汇总表。

6. 单位工程竣工结算汇总表。

7. 分部分项工程和单价措施项目清单与计价表。

8. 综合单价分析表。

9. 综合单价调整表。

10. 总价措施项目清单与计价表。

11. 其他项目清单与计价汇总表：

（1）暂列金额明细表。

（2）材料（工程设备）暂估单价及调整表。

（3）专业工程暂估价及结算价表。

（4）计日工表。

（5）总承包服务费计价表。

（6）索赔与现场签证计价汇总表。

（7）费用索赔申请（核准）表。

（8）现场签证表。

12. 规费、税金项目计价表。

13. 工程计量申请（核准）表。

14. 预付款支付申请（核准）表。

15. 总价项目进度款支付分解表。

16. 进度款支付申请（核准）表。

17. 竣工结算款支付申请（核准）表。

18. 最终结清支付申请（核准）表。

19. 发包人提供材料和工程设备一览表。

20. 承包人提供主要材料和工程设备一览表（适用于造价信息差额调整法）。

21. 承包人提供主要材料和工程设备一览表（适用于价格指数调整法）。

8.2.4 电气工程竣工结算编制实例

本节以某高校教学楼电气安装工程为例，进行电气安装工程竣工结算价的编制，内容及具体表式如下。

工程项目竣工结算书封面

_____某高校教学楼电气安装_____工程

竣工结算书

发 包 人：_____××大学_____
（单位盖章）

承 包 人：_____××建设单位_____
（单位盖章）

造价咨询人：_____××造价咨询企业_____
（单位盖章）

××年××月××日

工程项目竣工结算总价扉页

_____某学校教学楼电气安装_____工程

竣工结算总价

签约合同价(小写)：_4111816.05元_　　（大写）：_肆佰壹拾壹万壹仟捌佰壹拾陆元零伍分_
竣工结算价(小写)：_4111816.05元_　　（大写）：_肆佰壹拾壹万壹仟捌佰壹拾陆元零伍分_

发包人：_××大学_　承包人：_××建设单位_　造价咨询人：_××造价咨询企业_
（单位盖章）　　　　　（单位盖章）　　　　　　　（单位盖章）

法定代表人　　　　　　法定代表人　　　　　　　法定代表人
或其授权人：_××× _　或其授权人：_××× _　或其授权人：_××× _
（签字或盖章）　　　　（签字或盖章）　　　　　（签字或盖章）

编 制 人：_×××_　　　　　核 对 人：_×××_
（造价人员签字盖专用章）　　　　（造价工程师签字盖专用章）

编制时间：×××年××月××日　　　　核对时间：×××年××月××日

总说明

工程名称：某学校教学楼电气安装

1. 工程概况：本项目为某高校教学楼电气安装工程。

2. 招标范围：本项目招标范围包括设计图纸所示范围，具体详见工程量清单。

3. 合同形式：总价合同。

4. 报价依据：

(1)建设工程提供的设计文件及资料，招标投标文件及工程量清单，施工承包合同、专业分包合同及补充合同，设备采购合同等。

(2)国家标准《建设工程工程量清单计价规范》(GB 50500—2013)及相关工程量计算规范,本工程量清单编制说明中未说明的事项应与以上规范一致,有说明的以本编制说明为准。

(3)《四川建设工程工程量清单计价定额》(2020)及相关配套文件。

(4)与施工项目有关的标准、规范和技术资料,施工方案及施工现场情况。

(5)工程施工图、竣工图、各种签证资料、会议纪要等内容。

(6)其他相关资料。

5. 报价相关事宜：

本项目招标控制价为 4317039.89 元,投标报价为 4111816.05 元。

建设项目竣工结算汇总表

工程名称：某学校教学楼电气安装

序号	单项工程名称	工程规模		金额(元)	其中：(元)	
		数值	计量单位		安全文明施工费	规费
1	单项工程1		m²	4111816.05	125748.70	83682.78
	合计			4111816.05	125748.70	83682.78

单项工程竣工结算汇总表

工程名称：某学校教学楼电气安装 \ 单项工程1

序号	单位工程名称	金额(元)	其中：(元)	
			安全文明施工费	规费
1	安装工程	4111816.05	125748.70	83682.78
	合计	4111816.05	125748.70	83682.78

单位工程竣工结算汇总表

（适用于一般计税方法）

工程名称：某学校教学楼电气安装 \ 单项工程1【安装工程】 标段：

序号	汇总内容	金额（元）
1	分部分项及单价措施项目	3476227.30
1.1	其中:单价措施项目	
2	总价措施项目	136242.83
2.1	其中:安全文明施工费	125748.70
3	其他项目	65354.00
3.1	其中:暂列金额	10000.00
3.2	其中:专业工程暂估价	50000.00
3.3	其中:计日工	3762.00
3.4	其中:总承包服务费	1592.00
4	规费	83682.78
5	创优质工程奖补偿奖励费	
6	税前不含税工程造价	3761506.91
6.1	其中:除税甲供材料(设备)费	
7	销项增值税额	338535.62
8	附加税	11773.52
招标控制价/投标报价总价合计=税前不含税工程造价+销项增值税额+附加税		4111816.05

分部分项工程和单价措施项目清单与计价表

工程名称：某学校教学楼电气安装 \ 单项工程1【安装工程】 标段：

序号	项目编码	项目名称	项目特征描述	计量单位	工程量	综合单价	合价	定额人工费	定额机械费	暂估价
1	30401001001	油浸电力变压器	油浸电力变压器安装，SL1-500kVA/10kV	台	2	13992.03	27984.06	2973.12	1439.06	
2	30401001002	油浸电力变压器	油浸电力变压器安装，SL1-1000kVA/10kV	台	2	21479.83	42959.66	5372.22	1967.60	

续表

序号	项目编码	项目名称	项目特征描述	计量单位	工程量	金额(元)				
						综合单价	合价	其中		暂估价
								定额人工费	定额机械费	
3	30401002001	干式变压器	干式变压器安装,SG1-100kVA/10kV	台	2	16874.30	33748.60	2091.78	475.44	
4	30404004001	低压开关柜(屏)	低压配电盘,基础槽钢,手工除锈,刷红丹防锈漆两遍	台	12	730.86	8770.32	1837.80		
5	30404017001	配电箱	1.名称:总照明配电箱 2.型号:OPA/XL-21 3.规格:1600×600×370 4.端子板外部接线材质、规格:BV10 5.安装方式:悬挂嵌入式	台	24	7730.86	185540.64	3675.60		
6	30404017002	配电箱	1.名称:总照明配电箱 2.型号:1AL/kV4224/3 3.规格:1600×600×370 4.端子板外部接线材质、规格:BV2.5 5.安装方式:悬挂嵌入式	台	24	6230.86	149540.64	3675.60		
7	30404017003	配电箱	1.名称:总照明配电箱 2.型号:2AL/kV4224/3 3.规格:1600×600×370 4.端子板外部接线材质、规格:BV4 5.安装方式:悬挂嵌入式	台	12	6230.86	74770.32	1837.80		
8	30404017004	配电箱	1.名称:用户照明配电箱 2.型号:AL 3.规格:400×500×200 4.端子板外部接线材质、规格:BV2.5 5.安装方式:落地式	台	36	1925.52	69318.72	2865.24		

续表

序号	项目编码	项目名称	项目特征描述	计量单位	工程量	金额(元)				
						综合单价	合价	其中		
								定额人工费	定额机械费	暂估价
9	30404031001	小电器	1. 名称:板式暗单控双联开关 2. 规格:250V,10A 3. 安装方式:距地 1.3m 暗装	套	294	25.52	7502.88	1869.84		
10	30404031002	小电器	1. 名称:板式暗开关,单控单联 2. 规格:250V,10A 3. 安装方式:距地 1.3m 暗装	套	588	20.42	12006.96	3739.68		
11	30404031003	小电器	1. 名称:板式暗开关,单控三联 2. 规格:250V,10A 3. 安装方式:距地 1.3m 暗装	套	588	32.66	19204.08	3739.68		
12	30404031004	小电器	1. 名称:声控万能开关,单控单联 2. 规格:250V,10A 3. 安装方式:距地 1.8m 暗装	套	734	70.67	51871.78	4426.02		
13	30404031005	小电器	1. 名称:单相五孔安全插座 2. 规格:250V,15A 3. 安装方式:距地 1.3m 暗装	套	750	40.52	30390.00	4770.00		
14	30404031006	小电器	1. 名称:单相三孔安全插座 2. 规格:250V,15A 3. 安装方式:距地 1.3m 暗装	套	800	30.32	24256.00	5088.00		
15	30404031007	小电器	1. 名称:单相四孔安全插座 2. 规格:250V,15A 3. 安装方式:距地 1.3m 暗装	套	1021	35.42	36163.82	6493.56		

续表

序号	项目编码	项目名称	项目特征描述	计量单位	工程量	金额(元)				
						综合单价	合价	其中		暂估价
								定额人工费	定额机械费	
16	30404031008	小电器	防爆带表按钮	个	72	115.31	8302.32	2460.24		
17	30404031009	小电器	防爆按钮	个	360	74.31	26751.60	12301.20		
18	30406005001	普通交流同步电动机	防爆电机检查接线3kW,电机干燥	台	6	2396.48	14378.88	1571.22	68.10	
19	30406005002	普通交流同步电动机	防爆电机检查接线13kW,电机干燥	台	6	3745.16	22470.96	2085.30	87.30	
20	30406005003	普通交流同步电动机	防爆电机检查接线30kW,电机干燥	台	6	6258.15	37548.90	2831.40	122.82	
21	30406005004	普通交流同步电动机	防爆电机检查接线55kW,电机干燥	台	6	9050.53	54303.18	3794.58	209.22	
22	30408001001	电力电缆	敷设35mm²以内电力电缆,热缩铜芯电力电缆头	km	1455	52.60	76533.00	7304.10	873.00	
23	30408001002	电力电缆	敷设120mm²以内电力电缆,热缩铜芯电力电缆头	km	606	144.50	87567.00	5538.84	387.84	
24	30408001003	电力电缆	敷设240mm²以内电力电缆,热缩铜芯电力电缆头	km	243	381.26	92646.18	3166.29	434.97	
25	30408001004	电力电缆	电气配线,五芯电缆	km	2436	11.80	28744.80	7161.84		
26	30408002001	控制电缆	控制电缆敷设6芯以内,控制电缆头	km	365.4	14.03	5126.56	1074.28		
27	30408002002	控制电缆	控制电缆敷设14芯以内,控制电缆头	km	182.7	23.84	4355.57	655.89	142.51	
28	30414002001	送配电装置系统	照明	系统	2	376.87	753.74	472.86	88.02	
29	30414011001	接地装置	接地网	系统	1	1226.76	1226.76	684.18	223.55	
30	30411001001	配管	钢管DN50,暗敷	m	556	27.85	15484.60	4386.84		

续表

序号	项目编码	项目名称	项目特征描述	计量单位	工程量	综合单价	合价	定额人工费	定额机械费	暂估价
							金额(元)	其中		
31	30411001002	配管PC20	硬质阻燃管 DN20,暗敷	m	24192	10.84	262241.28	144668.16		
32	30411001003	配管PC25	硬质阻燃管 DN25,暗敷	m	24192	11.71	283288.32	151683.84		
33	30411001004	配管PC32	硬质阻燃管 DN32,暗敷	m	739.2	13.10	9683.52	5019.17		
34	30411002001	线槽	钢架配管 DN20,支架制作安装	m	1780.8	24.65	43896.72	12750.53		
35	30411002002	线槽	钢架配管 DN25,支架制作安装	m	3164.2	32.15	101729.03	27180.48		
36	30411002003	线槽	钢架配管 DN32,支架制作安装	m	1660.8	39.83	66149.66	14897.38	99.65	
37	30411002004	线槽	钢架配管 DN40,支架制作安装	m	1112.4	50.41	56076.08	14739.30	66.74	
38	30411002005	线槽	钢架配管 DN70,支架制作安装	m	296.6	104.70	31054.02	8957.32	62.29	
39	30411002006	线槽	钢架配管 DN80,支架制作安装	m	741.6	110.88	82228.61	22396.32	155.74	
40	30411005001	接线盒	暗装接线盒 50×50	个	3672	9.52	34957.44	12668.40		
41	30411005002	接线盒	暗装接线盒 75×50	个	3672	11.05	40575.60	12668.40		
42	30411004001	电气配线	1. 名称:管内穿线 2. 配线形式:照明线路 3. 型号:BV 4. 规格:10mm²	m	20160	11.71	236073.60	18547.20		
43	30411004002	电气配线	1. 名称:管内穿线 2. 配线形式:照明线路 3. 型号:BV 4. 规格:4mm²	m	13656	5.34	72923.04	8466.72		
44	30411004003	电气配线	1. 名称:管内穿线 2. 配线形式:照明线路 3. 型号:BV 4. 规格:2.5mm²	m	11455.6	4.26	48800.86	10539.15		

续表

序号	项目编码	项目名称	项目特征描述	计量单位	工程量	金额(元)				
						综合单价	合价	其中		
								定额人工费	定额机械费	暂估价
45	30411004004	电气配线	1.名称:管内穿线 2.配线形式:照明线路 3.型号:BV 4.规格:4mm²	m	12366.4	5.34	66036.58	7667.17		
46	30409002001	接地外线	规格:10mm	m	8820	46.54	410482.80	237346.20		
47	30409002002	接地母线	1.名称:户外接地母线 2.材质:镀锌钢管 3.规格:40×4 4.安装部位:地坪下0.75m 5.安装形式:埋地	m	2772	19.58	54275.76	26195.40	1801.80	
48	30412001001	普通灯具	单管吸顶灯	套	500	66.33	33165.00	7905.00		
49	30412001002	普通灯具	半圆球吸顶灯,型号 XD-40,40W,直径 300mm	套	115	104.81	12053.15	1804.35		
50	30412001003	普通灯具	半圆球吸顶灯,型号 XD-40,40W,直径 250mm	套	115	91.68	10543.20	1804.35		
51	30412001004	普通灯具	软线吊灯	套	115	83.82	9639.30	1179.90		
52	30412002001	工厂灯	圆球形工厂灯(吊管)	套	115	101.26	11644.90	1759.50		
53	30412003002	工厂灯	工厂吸顶灯	套	115	87.60	10074.00	1759.50		
54	30412005001	荧光灯	1.名称:单管荧光灯 2.规格/型号:40W 3.吸顶式	套	750	96.63	72472.50	11857.50		
55	30412005002	荧光灯	1.名称:双管荧光灯 2.规格/型号:40W,YG2-2 3.吸顶式	套	750	167.66	125745.00	14827.50		
56	30412005003	荧光灯	1.名称:三管荧光灯 2.规格/型号:40W 3.吸顶式	套	115	234.88	27011.20	2577.15		
57	30412005004	荧光灯	高压水银荧光灯(带整流器)	套	115	114.64	13183.60	4150.35		
合计							3476227.3	895961.24	8705.65	

综合单价分析表

工程名称：某学校教学楼电气安装 \ 单项工程1【安装工程】　　标段：

项目编码	30401001001	项目名称	油浸电力变压器	计量单位	台	工程量	1

清单综合单价组成明细													
定额编号	定额项目名称	定额单位	数量	单价(元)					合价(元)				
				人工费	材料费	机械费	管理费	利润	人工费	材料费	机械费	管理费	利润
CD0002换	油浸式变压器安装容量(kVA)≤500[管理费自定,利润自定]	台	1	1695.12	118.30	719.53	138.98	320.10	1695.12	118.30	719.53	138.98	320.10
小计									1695.12	118.30	719.53	138.98	320.10
未计价材料费(元)									11000.00				
清单项目综合单价(元)									13992.03				

	主要材料名称、规格、型号			单位	数量	单价(元)	合价(元)	暂估单价(元)	暂估合价(元)
材料费明细	油浸电力变压器 500kVA/10kV			台	1	11000.00	11000.00		
	其他材料费						118.30		
	材料费小计						11118.30		

总价措施项目清单与计价表

工程名称：某学校教学楼电气安装＼单项工程1【安装工程】　标段：

序号	项目编码	项目名称	计算基础 定额（人工费＋机械费）	费率 （%）	金额 （元）	调整费率 （%）	调整后金额 （元）	备注
1	031302001001	安全文明施工费			125748.70			
1.1	①	环境保护费	分部分项工程及单价措施项目（定额人工费＋定额机械费）	1.1	9951.34			
1.2	②	文明施工费	分部分项工程及单价措施项目（定额人工费＋定额机械费）	2.5	22616.67			
1.3	③	安全施工费	分部分项工程及单价措施项目（定额人工费＋定额机械费）	3.9	35282.01			
1.4	④	临时设施费	分部分项工程及单价措施项目（定额人工费＋定额机械费）	6.4	57898.68			
2	031302002001	夜间施工增加费			4342.40			
3	031302003001	非夜间施工增加						
4	031302004001	二次搬运费			2080.73			
5	031302005001	冬雨季施工增加费			3256.80			
6	031302006001	已完工程及设备保护费						
7	031302008001	工程定位复测费			814.20			
合计					136242.83			

其他项目清单与计价汇总表

工程名称：某学校教学楼电气安装 \ 单项工程 1【安装工程】　标段：

序号	项目名称	金额(元)	结算金额(元)	备注
1	暂列金额	10000.00		
2	暂估价	50000.00		
2.1	材料(工程设备)暂估价/结算价			
2.2	专业工程暂估价/结算价	50000.00		
3	计日工	3762.00		
4	总承包服务费	1592.00		
5	索赔与现场签证			
	合计	65354.00		

暂列金额明细表

工程名称：某学校教学楼电气安装 \ 单项工程 1【安装工程】　标段：

序号	项目名称	计量单位	暂定金额(元)	备注
1	暂列金额	项		
2	政策性调整和材料价格风险	项	8000.00	
3	其他	项	2000.00	
	合计		10000.00	

材料（工程设备）暂估单价及调整表

工程名称：某学校教学楼电气安装 \ 单项工程 1【安装工程】　标段：

序号	材料(工程设备)名称、规格、型号	计量单位	数量		暂估(元)		确认(元)		差额±(元)		备注
			暂估	确认	单价	合价	单价	合价	单价	合价	
	合计										

专业工程暂估价及结算价表

工程名称：某学校教学楼电气安装 \ 单项工程 1【安装工程】　标段：

序号	工程名称	工程内容	暂估金额(元)	结算金额(元)	差额±(元)	备注
	消防系统			50000.00		
	合计			50000.00		

计日工表

工程名称：某学校教学楼电气安装 \ 单项工程 1【安装工程】　标段：

编号	项目名称	单位	暂定数量	实际数量	综合单价（元）	合价（元）	
						暂定	实际
一	人工						
1	高级技术工	工日	10		150.00	1500.00	
2	普通工人	工日	15		120.00	1800.00	
	人工小计					3300.00	
二	材料						
1	电焊条结 422	kg	4.5		6.00	27.00	
2	型材	kg	10		4.50	45.00	
	材料小计					72.00	
三	施工机械						
1	直流电焊机 20kW	台班	5		40.00	200.00	
2	交流电焊机 20kW	台班	5		38.00	190.00	
	施工机械小计					390.00	
	总计					3762.00	

总承包服务费计价表

工程名称：某学校教学楼电气安装 \ 单项工程 1【安装工程】　标段：

序号	项目名称	项目价值（元）	服务内容	计算基础	费率（%）	金额（元）
1	发包人发包专业工程		1. 按专业工程承包人的要求提供施工工作面并对施工现场进行统一管理,对竣工资料进行统一整理汇总 2. 为专业工程承包人提供垂直运输机械和焊接电源接入点,并承担垂直运输费和电费			300
2	发包人提供材料		对发包人供应的材料进行验收及保管和使用发放			1292.00
	合计					1592.00

承包人提供主要材料和工程设备一览表（适用于造价信息差额调整法）

工程名称：某学校教学楼电气安装＼单项工程1【安装工程】 标段：

序号	名称、规格、型号	单位	数量	风险系数（％）	基准单价（元）	投标单价（元）	发承包人确认单价（元）	备注
1	油浸电力变压器 500kVA/10kV	台	2			11000.00		
2	油浸电力变压器 1000kVA/10kV	台	2			16500.00		
3	干式变压器 100kVA/10kV	台	2			15100.00		
4	低压开关柜(屏)	台	12			500.00		
5	总照明配电箱 OPA/XL—21	台	24			7500.00		
6	总照明配电箱 1AL/kV4224/3	台	24			6000.00		
7	总照明配电箱 2AL/kV4224/3	台	12			6000.00		
8	用户照明配电箱 AL	台	36			1800.00		
9	板式暗单控双联开关 250V,10A	只	299.88			15.00		
10	板式暗开关单控单联 250V,10A	只	599.76			10.00		
11	板式暗开关单控三联 250V,10A	只	599.76			22.00		
12	声控万能开关 250V,10A	个	748.68			60.00		
13	单相五孔安全插座 250V,15A	套	765			30.00		
14	单相三孔安全插座 250V,15A	套	816			20.00		
15	单相四孔安全插座 250V,15A	套	1041.42			25.00		
16	防爆带表按钮	个	72			63.00		
17	防爆按钮	个	360			22.00		
18	防爆电机检查接线 3kW	台	6			1980.00		
19	防爆电机检查接线 13kW	台	6			3200.00		
20	防爆电机检查接线 30kW	台	6			5500.00		
21	防爆电机检查接线 55kW	台	6			8000.00		
22	电力电缆 35mm²	m	1469.55			43.00		
23	电力电缆 120mm²	m	612.06			128.00		
24	电力电缆 240mm²	m	245.43			355.00		
25	控制电缆五芯电缆	m	2472.54			7.00		
26	控制电缆 6 芯以内	m	370.881			9.20		
27	控制电缆 14 芯以内	m	185.441			17.00		

续表

序号	名称、规格、型号	单位	数量	风险系数（%）	基准单价（元）	投标单价（元）	发承包人确认单价（元）	备注
28	钢管 DN50	m	572.68			15.00		
29	硬质阻燃管 DN20	m	27095.04			2.10		
30	硬质阻燃管 DN25	m	27095.04			2.50		
31	硬质阻燃管 DN32	m	827.904			3.00		
32	钢架配管 DN20	m	1834.224			10.00		
33	钢架配管 DN25	m	3259.126			15.00		
34	钢架配管 DN32	m	1710.624			21.00		
35	钢架配管 DN40	m	1145.772			25.50		
36	钢架配管 DN70	m	305.498			54.00		
37	钢架配管 DN80	m	763.848			60.00		
38	暗装接线盒 50×50	个	3745.44			3.50		
39	暗装接线盒 75×50	个	3745.44			5.00		
40	管内穿线 BV10mm²	m	21168			9.80		
41	管内穿线 BV4mm²	m	28624.64			4.00		
42	管内穿线 BV2.5mm²	m	13288.496			2.50		
43	镀锌扁钢 40×4	m	2910.6			5.00		
44	单管吸顶灯	套	505			40.00		
45	半圆球吸顶灯 40W,直径 300mm	套	116.15			78.00		
46	半圆球吸顶灯 40W,直径 250mm	套	116.15			65.00		
47	软线吊灯	套	116.15			55.00		
48	圆球形工厂灯（吊管）	套	116.15			70.00		
49	工厂吸顶灯	套	116.15			60.00		
50	高压水银荧光灯（带整流器）	套	116.15			55.00		
51	双管荧光灯 40W	套	757.5			135.00		
52	单管荧光灯 40W	套	757.5			70.00		
53	三管荧光灯 40W	套	116.15			198.00		
54	接地外线 10mm	m	9261			8.00		

其他略。

8.3　竣工结算程序

1. 合同工程完工后，承包人应在提交竣工验收申请前编制完成竣工结算文件，并在提交竣工验收申请的同时向发包人提交竣工结算文件。承包人未在规定的时间内提交竣工结算文件，经发包人催促后 14 天内仍未提交或没有明确答复，发包人有权根据已有资料编制竣工结算文件，作为办理竣工结算和支付结算款的依据，承包人应予以认可。

2. 发包人应在收到承包人提交的竣工结算文件后的 28 天内审核完毕。发包人经核实认为承包人还应进一步补充资料和修改结算文件，应在上述时限内向承包人提出核实意见。承包人在收到核实意见后的 28 天内按照发包人提出的合理要求补充资料，修改竣工结算文件，并再次提交给发包人复核后批准。

3. 发包人应在收到承包人再次提交的竣工结算文件后的 28 天内予以复核，并将复核结果通知承包人。

（1）发包人、承包人对复核结果无异议的，应在 7 天内在竣工结算文件上签字确认，竣工结算办理完毕。

（2）发包人或承包人认为复核结果有误的，无异议部分按照上述（1）规定办理不完全竣工结算；有异议部分由发包人及承包人协商解决，协商不成的，按照合同约定的争议解决方式处理。

4. 发包人在收到承包人竣工结算文件后的 28 天内，不审核竣工结算或未提出审核意见的，视为承包人提交的竣工结算文件已被发包人认可，竣工结算办理完毕。承包人在收到发包人提出的核实意见后的 28 天内，不确认也未提出异议的，视为发包人提出的核实意见已被承包人认可，竣工结算办理完毕。

5. 发包人委托工程造价咨询人审核竣工结算的，工程造价咨询人应在 28 天内审核完毕，审核结论与承包人竣工结算文件不一致的，应提交给承包人复核，承包人应在 14 天内将同意审核结论或不同意见的说明提交工程造价咨询人。工程造价咨询人收到承包人提的异议后，应再次复核，复核无异议的，按上述第 3 条（1）规定办理，复核后仍有异议的按上述第 3 条（2）规定办理。承包人逾期未提出书面异议的，视为工程造价咨询人审核的竣工结算文件已经承包人认可。

6. 对发包人或发包人委托的工程造价咨询人指派的专业人员与承包人指派的专业人员经审核后无异议的竣工结算文件，除非发包人能提出具体、详细的不同意见，发包人应在竣工结算文件上签名确认，拒不签认的，承包人可不交付竣工工程。承包人有权拒绝与发包人或其上级部门委托的工程造价咨询人重新核对竣工结算文件。承包人未及时提交竣工结算文件的，发包人要求交付竣工工程，承包人应当交付；发包人不要求交付竣工工程，承包人承担照管所建工程的责任。

7. 发包人及承包人或一方对工程造价咨询人出具的竣工结算文件有异议时，可向当地工程造价管理机构投诉，申请对其进行执业质量鉴定。

8. 工程造价管理机构受理投诉后，应当组织专家对投诉的竣工结算文件进行质量鉴定，并提出鉴定意见。

9. 竣工结算办理完毕，发包人应将竣工结算书报送工程所在地（或有该工程管辖权的行业管理部门）工程造价管理机构备案，竣工结算书作为工程竣工验收备案、交付使用的必备文件。

8.4 竣工结算审查

1. 审查依据

（1）工程结算审查委托合同和完整、有效的工程结算文件。

（2）工程结算审查依据主要有以下几个方面：

1）建设期内影响合同价格的法律、法规和规范性文件。

2）工程结算审查委托合同。

3）完整、有效的工程结算书。

4）施工发承包合同、专业分包合同及补充合同，有关材料、设备采购合同。

5）与工程结算编制相关的国务院建设行政主管部门以及各省、自治区、直辖市和有关部门发布的建设工程造价计价标准、计价方法、计价定额、价格信息、相关规定等计价依据。

6）招标文件、投标文件。

7）工程竣工图或施工图、经批准的施工组织设计、设计变更、工程洽商、索赔与现场签证，以及相关的会议纪要。

8）工程材料及设备中标价、认价单。

9）双方确认追加（减）的工程价款。

10）经批准的开、竣工报告或停、复工报告。

11）工程结算审查的其他专项规定。

12）影响工程造价的其他相关资料。

2. 审查要求

（1）严禁采取抽样审查、重点审查、分析对比审查和经验审查的方法，避免审查疏漏现象发生。

（2）应审查结算文件和与结算有关的资料的完整性和符合性。

（3）按施工发承包合同约定的计价标准或计价方法进行审查。

（4）对合同未作约定或约定不明的，可参照签订合同时当地建设行政主管部门发布的计价标准进行审查。

（5）对工程结算内多计、重列的项目应予以扣减；对少计、漏项的项目应予以调增。

（6）对工程结算与设计图纸或事实不符的内容，应在掌握工程事实和真实情况的基础上进行调整。工程造价咨询单位在工程结算审查时发现的工程结算与设计图纸或事实不符的内容，应约请各方履行完善的确认手续。

（7）对由总承包人分包的工程结算，其内容与总承包合同主要条款不相符的，应按总承包合同约定的原则进行审查。

（8）竣工结算审查文件应采用书面形式，有电子文本要求的应采用与书面形式内容一致的电子版本。

（9）竣工审查的编制人、校对人和审核人不得由同一人担任。

（10）竣工结算审查受托人与被审查项目的发承包双方有利害关系可能影响公正的，应予以回避。

3. 审查程序

（1）工程结算审查应按准备、审查和审定三个工作阶段进行，并实行编制人、校对人和审核人分别署名盖章确认的内部审核制度。

（2）结算审查准备阶段。

1）审查工程结算手续的完备性、资料内容的完整性，对不符合要求的应退回限时补正。

2）审查计价依据及资料与工程结算的相关性、有效性。

3）熟悉招标投标文件、工程发承包合同、主要材料设备采购合同及相关文件。

4）熟悉竣工图纸或施工图纸、施工组织设计、工程状况，以及设计变更、工程洽商和工程索赔情况等。

（3）结算审查阶段。

1）审查结算项目范围、内容与合同约定的项目范围、内容的一致性。

2）审查工程量计算准确性，工程量计算规则与计价规范或定额保持一致性。

3）审查结算单价时应严格执行合同约定或现行的计价原则、方法，对于清单或定额缺项以及采用新材料、新工艺的，应根据施工过程中的合理消耗和市场价格审核结算单价。

4）审查变更身份证凭据的真实性、合法性、有效性，核准变更工程费用。

5）审查索赔是否依据合同约定的索赔处理原则、程序和计算方法，以及索赔费用的真实性、合法性、准确性。

6）审查取费标准时，应严格执行合同约定的费用定额标准及有关规定，并审查取费依据的时效性、相符性。

7）编制与结算相对应的结算审查对比表。

（4）结算审定阶段。

1）工程结算审查初稿编制完成后，应召开由结算编制人、结算审查委托人及结算审查受托人共同参加的会议，听取意见，并进行合理的调整。

2）由结算审查受托人单位的部门负责人对结算审查的初步成果文件进行检查、校对。

3）由结算审查受托人单位的主管负责人审核批准。

4）发承包双方代表人和审查人应分别在"结算审定签署表"上签认并加盖公章。

5）对结算审查结论有分歧的，在出具结算审查报告前，应至少组织两次协调会；凡不能共同签认的，审查受托人可适时结束审查工作，并作出必要说明。

6）在合同约定的期限内，向委托人提交经结算审查编制人、校对人、审核人和受托人单位盖章确认的正式的结算审查报告。

4. 审查方法

（1）竣工结算的审查应依据施工发承包合同约定的结算方法进行，根据施工发承包合同类型，采用不同的审查方法。本节介绍的审查方法主要适用于采用单价合同的工程量清单单价法编制竣工结算的审查。

（2）审查工程结算，除合同约定的方法外，对分部分项工程费用的审查应按照规定进行。

（3）竣工结算审查时，对原招标工程量清单描述不清或项目特征发生变化，以及变更工程、新增工程中的综合单价应按下列方法确定：

1）合同中已有适用的综合单价，应按已有的综合单价确定。

2）合同中有类似的综合单价，可参照类似的综合单价确定。

3）合同中没有适用或类似的综合单价，由承包人提出综合单价，经发包人确认后执行。

（4）竣工结算审查中涉及措施项目费用的调整时，措施项目费应依据合同约定的项目和金额计算，发生变更、新增的措施项目，以发承包双方合同约定的计价方式计算，其中措施项目清单中的安全文明措施费用应审查是否按国家或省级、行业建设主管部门的规定计算。施工合同中未约定措施项目费结算方法时，审查措施项目费按以下方法审查：

1）审查与分部分项实体消耗相关的措施项目，应随该分部分项工程的实体工程量的变化是否依据双方确定的工程量、合同约定的综合单价进行结算。

2）审查独立性的措施项目是否按合同价中相应的措施项目费用进行结算。

3）审查与整个建设项目相关的综合取定的措施项目费用是否参照投标报价的取费基数及费率进行结算。

（5）竣工结算审查中涉及其他项目费用的调整时，按下列方法确定：

1）审查计日工是否按发包人实际签证的数量、投标时的计日工单价，以及确认的事项进行结算。

2）审查暂估价中的材料单价是否按发承包双方最终确认价在分部分项工程费中对相应综合单件进行调整，计入相应分部分项工程费用。

3）对专业工程结算价的审查应按中标价或发包人、承包人与分包人最终确定的分包工程价进行结算。

4）审查总承包服务费是否依据合同约定的结算方式进行结算，以总价形式确定的总承包服务费不予调整，以费率形式确定的总包服务费，应按专业分包工程中的标价或发包人、承包人与分包人最终确定的分包工程价和总承包单位的投标费率计算总承包服务费。

5）审查计算金额是否按合同约定计算实际发生的费用，并分别列入相应的分部分项工程费、措施项目费中。

（6）投标工程量清单的漏项、设计变更、工程洽商等费用应依据施工图以及发承包双方签证资料确认的数量和合同约定的计价方式进行结算，其费用列入相应的分部分项工程费或措施项目费中。

（7）竣工结算审查中的设计索赔费用，应依据发承包双方确认的索赔事项和合同约定的计价方式进行结算，其费用列入相应的分部分项工程费或措施项目费中。

（8）竣工结算审查中的设计规费和税金，应按国家、省级或行业建设主管部门的规定计算并调整。

8.5　结算价款支付

1. 承包人应根据办理的竣工结算文件向发包人提交竣工结算款支付申请。申请应包括下列内容：

（1）竣工结算合同价款总额。

（2）累计已实际支付的合同价款。

（3）应预留的质量保证金。

（4）实际应支付的竣工结算款金额。

2. 发包人应在收到承包人提交竣工结算款支付申请后7天内予以核实，向承包人签发竣工结算支付证书。

3. 发包人签发竣工结算支付证书后的14天内，应按照竣工结算支付证书列明的金额向承包人支付结算款。

4. 发包人在收到承包人提交的竣工结算款支付申请后7天内不予核实，不向承包人签发竣工结算支付证书的，视为承包人的竣工结算款支付申请已被发包人认可；发包人应在收到承包人提交的竣工结算款支付申请 7 天后的 14 天内，按照承包人提交的竣工结算款支付申请列明的金额向承包人支付结算款。

5. 工程竣工结算办理完毕后，发包人应按合同约定向承包人支付工程价款。发包人按合同约定应向承包人支付而未支付的工程款视为拖欠工程款。《建设工程工程量清单计价规范》（GB 50500—2013）中指出：发包人未按照上述第 3 条和第 4 条规定支付竣工结算款的，承包人可催告发包人支付，并有权获得延迟支付的利息。发包人在竣工结算支付证书签发后或者在收到承包人提交的竣工结算款支付申请 7 天后的 56 天内仍未支付的，除法律另有规定外，承包人可与发包人协商将该工程折价，也可直接向人民法院申请将该工程依法拍卖。承包人应就该工程折价或拍卖的价款优先受偿。

关于优先受偿，最高人民法院在《关于建设工程价款优先受偿权的批复》（法释〔2002〕16 号）中规定如下：

（1）人民法院在审理房地产纠纷案件和办理执行案件中，应当依照《民法典》的规定，认定建筑工程承包人的优先受偿权优于抵押权和其他债权。

（2）消费者交付购买商品房的全部或者大部分款项后，承包人就该商品房享有的工程价款优先受偿权不得对抗买受人。

（3）建筑工程价款包括承包人为建设工程应当支付的工作人员报酬材料款等实际支出的费用，不包括承包人因发包人违约所造成的损失。

（4）建设工程承包人行使优先权的期限为六个月，自建设工程竣工之日或者建设工程合同约定的竣工之日起计算。

8.6 质量保证金

1. 发包人应按照合同约定的质量保证金比例从结算款中预留质量保证金。质量保证金是指发包人与承包人在建设工程承包合同中约定，从应付的工程款中预留，用以保证承包人在缺陷责任期内对建设工程出现的缺陷进行维修的资金。住房城乡建设部、财政部《关于印发〈建设工程质量保证金管理办法〉的通知》（建质〔2017〕138 号），《建设工程质量保证金管理办法》第七条规定："发包人应按照合同约定方式预留保证金，保证金总预留比例不得高于工程价款结算总额的 3%。合同约定由承包人以银行保函替代预留保证金的，保函金额不得高于工程价款结算总额的 3%。"

2. 缺陷责任期内，由承包人原因造成的缺陷，承包人应负责维修，并承担鉴定及维修费用。如承包人不维修也不承担费用，发包人可按合同约定从保证金或银行保函中扣除，费用超出保证金额的，发包人可按合同约定向承包人进行索赔。承包人维修并承担相应费用后，不免除对工程的损失赔偿责任。由他人原因造成的缺陷，发包人负责组织维修，承包人不承担费用，且发包人不得从保证金中扣除费用。

3. 缺陷责任期内，承包人认真履行合同约定的责任，到期后，承包人向发包人申请返还保证金。发包人和承包人对保证金预留、返还以及工程维修质量、费用有争议的，按承包合同约定的争议和纠纷解决程序处理。

8.7　最终结清

1. 缺陷责任期终止后，承包人已完成合同约定的全部承包工作，但合同工程的财务账目需要结清，因此承包人应按照合同约定向发包人提交最终结清支付申请。发包人对最终结清支付申请有异议的，有权要求承包人进行修正和提供补充资料。承包人修正后，应再次向发包人提交修正后的最终结清支付申请。

2. 发包人应在收到最终结清支付申请后的 14 天内予以核实，并应向承包人签发最终结清支付证书。

3. 发包人应在签发最终结清支付证书后的 14 天内，按照最终结清支付证书列明的金额向承包人支付最终结清款。

4. 发包人未在约定的时间内核实，又未提出具体意见的，应视为承包人提交的最终结清支付申请已被发包人认可。

5. 发包人未按期最终结清支付的，承包人可催告发包人支付，并有权获得延迟支付的利息。

6. 最终结清时，承包人预留的质量保证金不足以抵减发包人工程缺陷修复费用的，承包人应承担不足部分的补偿责任。

7. 承包人对发包人支付的最终结清款有异议的，应按照合同约定的争议解决方式处理。

8.8　竣工结算争议

《建设工程工程量清单计价规范》（GB 50500—2013）将国内工程合同价款结算争议的解决方式分为：监理或造价工程师暂定、管理机构的解释或认定、协商和解、调解、仲裁、诉讼 6 种。

在上述解决方式中，监理或造价工程师暂定、管理机构的解释或认定、协商和解、调解、仲裁为非诉讼解决方式，国际上称为 ADR（Alternative Dispute Resolution），中文直译为"替代性解决争议的方法"。采用 ADR 方式具有专家或裁判参与，争议解决快速，争议解决成本低，争议解决过程保密，同时还可以最大程度上做到"不伤和气"，继续维护争议双方合作关系等优势，国际国内已发生的绝大部分工程争议都是采用非诉讼解决方式解决的，只有极少数工程结算争议，双方不得已时才采用诉讼方式解决。

8.8.1 解决途径

8.8.1.1 监理或造价工程师暂定

采用监理或造价工程师暂定方式解决工程结算争议的，应在施工合同中明确约定或在争议发生后约定，并签订争议解决协议。如采用监理或造价工程师暂定方式解决工程结算争议，建议采用《建设工程工程量清单计价规范》（GB 50500—2013）的做法，在施工合同进行约定或在争议发生后达成争议解决协议。建议采用的协议书文本框架如下：

协议书

发包人：

承包人：

一、发包人和承包人之间就_____争议，经双方协商一致，同意将该争议提交本项目总监理工程师×××（或造价工程师×××）解决。总监理工程师×××（或造价工程师×××）在收到双方提供相关资料后××天内应将暂定结果通知发包人和承包人。发承包双方对暂定结果认可的，应以书面形式予以确认，暂定结果成为双方认可的最终决定。

二、发承包双方在收到总监理工程师或造价工程师的暂定结果通知之后的××天内未对暂定结果予以确认也未提出不同意见的，应视为发承包双方已认可该暂定结果。

三、发承包双方或一方不同意暂定结果的，应以书面形式向总监理工程师或造价工程师提出，说明自己认为正确的结果，同时抄送另一方，此时该暂定结果成为争议。在暂定结果对发承包双方当事人履约不产生实质影响的前提下，发承包双方应按该结果实施，直到发承包双方采用其他约定或法定方式解决上述争议为止。

四、××项目总监理工程师×××（或造价工程师×××）同意依据法律和事实对双方上述争议进行客观、中立、公平的判定，并于××××年××月××日前就上述争议出具书面暂定结果。

甲方：

乙方：

总监理工程师（或造价工程师）：

年　　月　　日

如作出上述约定，在总监理工程师或造价工程师得出暂定结果后，如双方未按约定时间提出异议，则该暂定结果成为双方认可的结果，具有法律效力。如提出异议，总监理工程师或造价工程师不予采纳的，该暂定结果应在采取其他约定或法定争议解决方式之前得到执行。更重要的是，在其后争议解决过程中，该暂定结果作为证据，客观上将对发承包双方争议解决产生影响。所以，对于较小的工程结算价款争议，采用监理或造价工程师暂定方式解决争议最为快捷，同时可以将争议和冲突控制在最小范围内，但应当注意的是，争议各方应明确理解上述条款的法律意义，应考虑监理和造价工程师是否能够做到客观、中立，如上述人员无法做到客观、中立，建议不采用上述方法处理。在施工合同约定采用监理或造价工程师暂定方式解决争议的情况下，争议发生后，争议双方均可不经过监理或造价工程师暂定程序，直接向人民法院提起诉讼或根据仲裁约定向仲裁机构申请仲裁。

8.8.1.2　管理机构的解释或认定

采用管理机构的解释或认定方式解决工程结算争议，应在施工合同中明确约定或在争议发生后约定，并签订争议解决协议。

如采用管理机构的解释或认定方式解决工程结算争议，建议采用《建设工程工程量清单计价规范》（GB 50500—2013）的做法，在施工合同或在争议发生后达成争议解决协议，约定："××项目合同价款争议发生后，发承双方可就工程计价依据的争议以书面形式提请工程所在地工程造价管理机构对争议以书面文件进行解释或认定，争议各方对工程所在地工程造价管理机构作出的书面解释或认定均予以认可。"作出该项约定后，工程造价管理机构对争议以书面文件进行解释或认定具有法律效力，除非工程造价管理机构的上级部门作出了不同的解释或认定，或在仲裁裁决或法院判决中不予采信，将对争议双方实体权利义务产生重大影响。

在施工合同约定管理机构的解释或认定方式解决争议的情况下，争议发生后，争议双方均可不经过约定的管理机构解释或认定程序，直接向人民法院提起诉讼或根据仲裁约定向仲裁机构申请仲裁。

8.8.1.3　协商和解

合同价款争议发生后，发承包双方任何时候都可以进行协商。协商达成一致的，双方应签订书面和解协议，和解协议对争议各方具有法律效力。

在工程施工合同履行中，和解协议可以采用协议书形式表现，也可以表现为会议纪要、备忘录、承诺书等形式。

在和解协议起草和签订时，应对双方权利义务关系进行梳理，并表述清楚、明确，对结算方式或结算金额、履行时间、履行方式、特别约定作出明确且具有操作性的表述，建议将结算中所有争议一揽子进行解决，并阐明协议达成的基础和背景，做到不留后患，必要时，应要求法律专业人员参与。和解协议签订后，除有证据证明协议签订中有欺诈、胁迫等违反自愿原则的情况或协议内容因违反法律规定导致无效外，即便争议一方将争议提交仲裁或法院处理，仲裁机构和法院原则上也不会推翻和解协议约定的内容。

在诉讼和仲裁过程之外，争议各方达成和解协议的，可通过公证对可强制执行的协议内容赋予强制执行效力，在诉讼和仲裁过程中，争议各方达成和解协议的，建议将和解协议提交法院或仲裁机构，由法院或仲裁机构审核并制作调解书。经公证并赋予强制执行效力的和解协议、仲裁调解书、法院民事调解书除法律效力得到补强外，还具有强制执行效力，可直接向法院申请强制执行，无需再次进行仲裁或诉讼程序。

8.8.1.4 调解

与合同价款争议发生后，发承包双方自行协商一致达成和解不同，调解是由第三人分析争议发生原因，阐明争议各方理由，居中进行撮合，最终使争议各方就争议解决方案达成一致的争议解决方式。

采用调解方式解决工程结算争议的，可在施工合同中明确约定或在争议发生后约定调解人。具有专业知识、技能、在行业中具有较大影响力、了解争议发生经过的调解人，可有效促成争议各方达成争议解决方案。

调解人有机构调解人和自然人调解人两种。在我国具有法定调解职能的机构主要是人民调解机构、行政调解机构、法院、仲裁机构，在上述机构组织调解后，争议双方就争议处理达成一致的，可以以本机构名义出具调解书，调解书具备较高的法律效力，部分机构出具的调解书具有直接申请法院确认并执行的法律效力。

在建设工程价款结算纠纷发生后，争议各方可申请建设行政主管部门进行行政调解，特殊情况下，建设行政主管部门也可依职权组织调解，在仲裁和诉讼过程中，仲裁和诉讼当事人可申请进行仲裁或司法调解，仲裁机构和法院也可主动组织调解。

调解的基本原则是自愿原则，如经过调解，争议各方就争议解决不能达成一致的，可选择仲裁或诉讼方式解决。在仲裁和诉讼程序中如不能调解的，由仲裁裁决或法院判决。

8.8.1.5 仲裁

采用仲裁方式解决工程结算争议的，应在施工合同中约定仲裁条款或在争议发生后达成仲裁协议。

仲裁条款、仲裁协议应明确约定仲裁事项并选定明确的仲裁委员会。如，施工合同中的仲裁条款可表述为："如本合同发生争议，双方约定到××仲裁委员会仲裁。"

在实践中，经常会出现合同当事人约定："如本合同发生争议，可以向仲裁机构申请仲裁或向人民法院起诉。""如本合同发生争议，申请仲裁解决。"在这种情况下，因合同各方未明确选定仲裁机构，仲裁条款无效。

争议各方约定仲裁后，且仲裁条款和仲裁协议有效的，则排除了诉讼方式解决争议，各方均不能再采用向法院起诉的方式解决争议。

在通过协商不能达成一致的情况下，越来越多的争议当事人选择采用仲裁方式解决工程价款结算争议。相比诉讼，仲裁的优势有：

（1）仲裁一裁终结，裁决具有司法执行力，争议解决相对诉讼程序较为快捷。

（2）仲裁案件不受地域、级别管辖约束。争议各方根据情况可选择到国内或国际任何仲裁机构进行仲裁。

（3）仲裁员可由仲裁当事人选择，在仲裁机构选择仲裁员时，会充分尊重仲裁各方的选择，在可供当事人选择的仲裁员名单中，不仅有法律专家，也有工程专家，有利于正确地查明事实和适用法律。

（4）仲裁原则上不公开审理，有利于保护当事人的商业秘密。

同时，在选择仲裁前，应考虑：

（1）仲裁机构没有执行权，在涉及财产保全、证据保全、执行的案件中，只能由法院进行保全和执行。

（2）法院对仲裁裁决具有审查权，在仲裁裁定作出后，对方当事人往往采用向法院申请撤销仲裁裁决，申请不予执行仲裁裁决等方式，拖延仲裁裁决的执行，甚至导致仲裁被撤销或被法院裁定不予执行。

8.8.1.6　诉讼

诉讼是工程价款结算争议的最终解决办法，在其他争议解决方法均未有效解决争议，各方亦未约定采用仲裁解决争议的情况下，最终争议各方只能采取诉讼方法解决争议。根据我国现有民事诉讼制度，工程价款结算争议采用诉讼方式解决的，如无相关约定，由被告住所地或工程所在地人民法院管辖。在不违反民事诉讼法对级别管辖和专属管辖的规定的前提下，争议各方也可以书面协议选择被告住所地、工程所在地、工程合同签订地、原告住所地等与争议有实际联系的地点的人民法院管辖。

民事诉讼过程有以下环节：

1. 立案

在立案阶段，由原告向法院提交《民事起诉状》和主要证据，法院审查案件是否符合立案条件，资料是否齐备，是否属本法院管辖。法院审查认为可以立案的，向原告送达《立案通知书》，原告缴纳诉讼费后，法院向被告、第三人送达《应诉通知书》和相关诉讼资料。

2. 一审

在一审阶段，法院确定开庭时间后，向原被告、第三人送达《开庭传票》，法院在《开庭传票》载明的时间、地点开庭审理案件，案件开庭审理流程一般为：

（1）由审判长、审判员核对当事人，宣布案由，宣布审判人员、书记员名单，告知当事人有关的诉讼权利义务，询问当事人是否提出回避申请。

（2）法庭调查。由原告陈述起诉的诉讼请求和事实理由，被告进行答辩，原被告、第三人进行举证质证。

（3）法庭辩论。原被告、第三人就争议焦点进行辩论。

（4）审判长、审判员征询各方最后意见。

开庭审理后，一般情况下，由法院在受理案件后6个月之内作出一审判决。诉讼当事人未在规定时间内上诉的，一审判决发生法律效力。

3. 二审

一审判决后，诉讼当事人不服一审判决的，可在判决送达之日起15日内向一审法院的上一级法院上诉。二审法院受理案件后，可根据情况采用开庭或不开庭方式审理案件，一般情况下，由二审法院在受理案件后3个月之内作出终审判决或裁定。

4. 执行

民事判决、裁定、调解书发生法律效力后，一方拒绝履行的，对方当事人可以向一审法院或者与一审法院同级的被执行的财产所在地法院申请执行，由法院执行生效判决、裁定。在诉讼过程中，法院作出判决前，法院可以组织调解并制作调解书，原告也可撤诉，终止诉讼程序。

在工程价款结算纠纷诉讼中，法院根据《最高人民法院关于审理建设工程施工合同纠纷案件适用法律问题的解释（一）》第十九条规定的原则进行工程结算价的最终认定，即"当事人对建设工程的计价标准或者计价方法有约定的，按照约定结算工程价款。因设计变更导致建设工程的工程量或者质量标准发生变化，当事人对该部分工程价款不能协商一致的，可以参照签订建设工程施工合同时当地建设行政主管部门发布的计价方法或者计价标准结算工程价款。"工程价款结算纠纷诉讼的争议焦点主要在：工程价款是否已经进行结算；工程价款的结算依据；工程价款调整的事实是否发生；工程价款调整的依据；在施工合同有效的情况下，各方是否存在工期、质量、安全、计量支付等违约行为，以及如何确定违约方责任并相应减少或增加结算金额。

8.2 竣工结算争议解决案例

【例8-1】

⊙ 案例背景

2003年3月10日，A公司依照约定进入B公司的××大厦综合楼工程工地进行施工。同年9月10日，A公司与B公司签订《电气工程施工合同》，约定：B公司将其建设的×大厦综合楼项目的电气安装、设备等工程发包给A公司；合同价款：承包总价以结算为准，由乙方包工包料。价款计算以设计施工图纸加变更作为依据，按相关配套文件进行取费。工程所用材料合同约定需要做差价的以当期造价信息价为准；造价信息价没有的，甲乙双方协商议价。2004 年 4 月 5 日，当地建设监察大队对未经招标的 × × 大厦综合楼工程进行了处罚，B 公司即在当地招标投标办公室补办了工程报建手续，并办理了施工合同备案手续。

⊙ 争议事件

双方在合同履行过程中发生争议，A 公司到法院起诉 B 公司，要求按合同支付结算款。

⊙ 争议焦点

经法院审理查明，2003 年 9 月 10 日签订的《电气工程施工合同》与 2004 年 4 月 5 日备案的《电气工程施工合同》内容存在差异，在 2004 年 4 月 5 日备案合同中，增加了一条为：双方按合同约定结算方式结算后，按工程总结算价优惠 8 个点作为 A 公司让利。

⊙ 争议分析

由于各种原因，发承包双方之间可能实际签订了数个内容不同的《电气工程施工合同》，在此情况下，根据《最高人民法院关于审理建设工程施工合同纠纷案件适用法律问题的解释（一）》，当事人就同一工程另行订立的工程施工合同与经过备案的中标合同实质性内容不一致的，应当以备案的中标合同作为结算工程价款的依据。

⊙ 解决方案

最终法院认定应按备案合同约定结算方式进行结算。

 【例 8-2】

⊙ 案例背景

某县人民政府与 B 公司签订《某县政府大院开发及新区电气工程合同书》，合同约定由 B 公司受委托代建某县档案馆电气工程。2004 年 3 月 10 日 A 公司与 B 公司签订《电气工程施工合同》，合同约定，由 A 公司承包某县档案馆电气工程。合同工程总价款为人民币 424 万元，工程项目采用可调价格，合同价款调整方法及范围为：按施工图、变更通知书、签证单进行调整，调整范围不得超过 B 公司与某县政府结算价格，最终价格以某县政府审定认可的造价为基础。

⊙ 争议事件

2005 年 8 月 25 日工程竣工验收后，B 公司于 2005 年 9 月 23 日收到 A 公司递交的竣工结算报告及结算书，结算书反映工程总造价为 570 万元，B 公司未予以答复，也未支付工程款。2006 年 3 月 20 日，A 公司起诉 B 公司，要求 B 公司支付工程结算款 270 万元（B 公司已支付工程进度款 300 万元），并按银行同期贷款利息的 4 倍承担欠付工程款的违约责任。

⊙ **争议焦点**

A 公司主张，财政部、建设部关于印发《建设工程价款结算暂行办法》的通知（财建〔2004〕369 号），该文件的第十六条规定："发包人收到竣工结算报告及完整的结算资料后，在本办法规定或合同约定期限内，对结算报告及资料没有提出意见，则视同认可。"双方签订的《建设工程施工合同》中通用条款第 33.2 条约定："发包人收到承包人递交的竣工结算报告及结算资料后 28 天内进行核实，给予确认或者提出修改意见。"双方竣工结算价应以 A 公司报送的 570 万元为准。

B 公司提出两点抗辩意见：一、合同约定"调整范围不得超过 B 公司与某县政府结算价格，最终价格以某县政府审定认可的造价为基础"。因直至 A 公司起诉时，县政府尚未审定工程结算价格，故 B 公司客观上不具备核实竣工验收的条件。二、双方签订的《电气工程施工合同》中通用条款第 33.3 条约定："发包人收到竣工结算报告及结算资料后 28 天内无正当理由不支付工程竣工结算价款，从第 29 天起按承包人同期向银行贷款利率支付拖欠工程价款的利息，并承担违约责任。"发包人未在收到结算资料后 28 天内提出意见，仅产生从第 29 天起承担拖欠工程款利息的违约责任这一法律后果，不产生默认承包人报送结算资料的法律后果。2006 年 8 月 8 日，B 公司向法院提出书面申请，要求就本案所涉工程项目款项进行司法鉴定。在移送鉴定中，B 公司对鉴定事项范围提出异议，且未在通知要求的时间内按规定缴纳鉴定费用，法院将鉴定案件退回。

⊙ **争议分析**

本案涉及工程价款结算争议诉讼中几个常见问题和常识问题。

（1）关于双方是否已经结算。与正常情况下结算办理并形成双方认可的结算书、支付资料不同，在争议发展到通过诉讼解决时，是否已经办理结算往往成为复杂问题，结算结果的表现形式可以是结算书，也可以是协议书、会议纪要、承诺书等书面文件，甚至是付款行为和默认行为。所以，发承包双方在合同签订前，应对合同的关键条款进行全面审查并掌握相关条款的法律意义。

（2）关于结算办理程序。同本案例一样，实践中，发包方与承包方可能约定结算价款需以发包方与业主或其他第三方之间的结算结果或审计审定结果为准。在这种情况下，应在专用条款中对结算办理程序进行切合实际的约定，避免通用条款约定的发生效力，产生争议和违约责任。

（3）关于施工程款的利息。《最高人民法院关于审理建设工程施工合同纠纷案件适用法律问题的解释（一）》第十七条规定："当事人对欠付工程价款利息计付标准有约定的，按照约定处理；没有约定的，按照中国人民银行发布的同期同类贷款利率计息。"实践中，在发生欠付工程款的情况下，一般金额较大、时间较长，承包人的经济损失往往大大超过中国人民银行发布的同期同类贷款利息，所以应注意在专用条款中作出可以客观反映因欠付工程款导致承包人损失的违约责任约定。

（4）关于举证责任的划分和举证不能的法律后果。除另有规定外，在工程结算争议诉讼中，当事人应举证证明自己的主张，即"谁主张，谁举证"原则，在对方已提供了有效证据支持其主张的情况下，对对方主张不予认可的，应提出相应的证据予以反驳。在本案中，承包人向法院提交了证据，证明结算价款应为 570 万元，法院对证据予以认可，发包人应该提出相反证据予以反驳。在本案中，发包人虽申请司法鉴定，但因未缴纳鉴定费，导致证据不能形成，对其不认可承包人提出的工程价款金额的主张无证据予以支持，应承担不利的法律后果，故法院参照承包人提出的 570 万元进行判决。

⊙ 解决方案

最终法院不支持 A 公司和 B 公司第一项主张，支持 B 公司第二项主张，但因 B 公司未及时缴纳鉴定费用，导致未进行司法鉴定，产生的不利后果由 B 公司承担，所以法院参考 A 公司向 B 公司报送的结算价格 570 万元作出判决，并支持按中国人民银行发布的同期同类贷款利率计算欠付工程款的利息。

参考文献

［1］霍海娥.建筑安装识图与施工工艺［M］.北京：科学出版社，2018.

［2］四川省造价工程师协会.建设工程计量与计价实务（安装工程）［M］.北京：中国
计划出版社，2021.

［3］王建彬.电气工程工程量清单计价实例详解［M］.北京：机械工业出版社，2015.

［4］彭东黎.公路工程招投标与合同管理第3版［M］.重庆：重庆大学出版社，2021.

［5］李启明.土木工程合同管理［M］.南京：东南大学出版社，2019.

［6］方洪涛，宋丽伟.工程项目招投标与合同管理第3版［M］.北京：北京理工大学出
版社，2020.

［7］刘佳力.电气工程招投标与预决算［M］.北京：化学工业出版社，2015.

［8］李海凌，卢永琴.安装工程计量与计价第3版［M］.北京：机械工业出版社，2022.

［9］《电气工程预决算快学快用》编委会.电气工程预决算快学快用第2版［M］.北
京：中国建材工业出版社，2014.

［10］刘必付.投标阶段的路面成本分析［J］.江西建材，2015，157（04）：223-224.

［11］岳虎.工程造价之标前成本分析的过程和重要性［J］.砖瓦，2021，398（02）：88-
89.